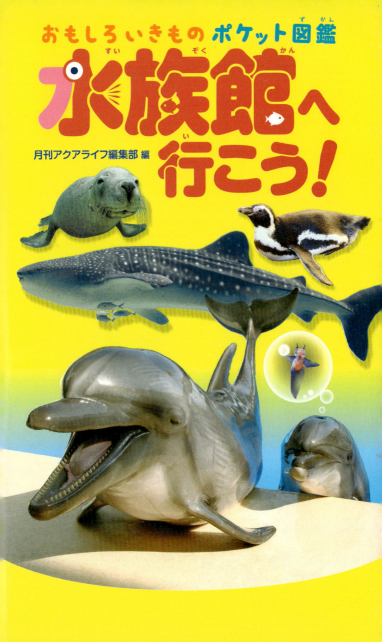

もくじ

はじめに……………………………………………………… 4

魚の体の名称 ……………………………………………… 5

知っておきたい用語集 ………………………………… 6

1章　海洋のいきものたち ……………………… 7

おもな いきもの
ハンドウイルカ　ジンベエザメ　イタチザメ　イトマキエイ など

2章　水辺のいきものたち …………………… 35

おもな いきもの
ゴマフアザラシ　オウサマペンギン　アオウミガメ　ミズクラゲ など

3章　水底のいきものたち …………………… 67

おもな いきもの
タカアシガニ　イセエビ　マダコ　タツノオトシゴ など

この本の読みかた

○ 章立てはすんでいる環境で5つに分け、淡水にすむいきものがいる場合は章末にまとめています。

○ 分類名、種名などで正式な名称と通称が異なる場合、より一般的と判断したものを採用している場合があります。

○ 右下にある「水族館のなかまクイズ」の答えは、次のページの下部に書いています。

4章 岩礁のいきものたち …………………… 95

おもないきもの
イシダイ　イトマキヒトデ　ウツボ　アオウミウシ　など

5章 サンゴ礁・熱帯のいきものたち ……… 127

おもないきもの
カクレクマノミ　チンアナゴ　オニダルマオコゼ　ピラニアナッテリー　など

全国水族館ひとくちガイド ……………………… 152
50音順索引 ……………………………………… 165

ひとくちメモ
水族館のなかまとのコミュニケーション ………… 34
いきものが水族館にやってくるまで ……………… 66
標本でめずらしいいきものと対面する ………… 94
水槽にはくふうがいっぱい ……………………… 126
水族館の飼育員になるには ……………………… 150

はじめに

　水族館を訪れると、魚類・ほ乳類を始めとした水中や水辺にくらすいきものたちに出会うことができます。そのなかにはハンドウイルカやカクレクマノミなど、多くの水族館で会うことができるものもいれば、ダイオウグソクムシやジュゴンなど、めったに見ることのできないものもいます。

　この本では、おもに水族館で飼育されているいきものたちのくらし、自然のなかでの生態、なかまの種などを写真やイラストをまじえて楽しく紹介しています。好きないきもののことも、まだ見たことのないいきもののこともたくさん知って、もっと水族館のなかまたちを好きになっていく……。この本がそのきっかけになればうれしいです。

■写真提供（五十音順・敬称略）
アクアワールド茨城県大洗水族館、浅虫水族館、アドベンチャーワールド、いおワールドかごしま水族館、魚津水族館、おたる水族館、カイトマリンスポーツ、海遊館、鴨川シーワールド、京都水族館、京都府農林水産技術センター海洋センター、近畿大学水産研究所、熊谷 香菜子、しながわ水族館、新江ノ島水族館、すさみ町立エビとカニの水族館、須磨海浜水族園、すみだ水族館、竹島水族館、鶴岡市立加茂水族館、鳥羽水族館、名古屋港水族館、名古屋市東山動植物園、沼津港深海水族館、のとじま水族館、三重県水産研究所、宮島水族館、横浜・八景島シーパラダイス

魚の体の名称

魚の体には、ほ乳類とはちがう部位がたくさんある。
魚の体型は種によってちがうが、ここではタイを例とする。

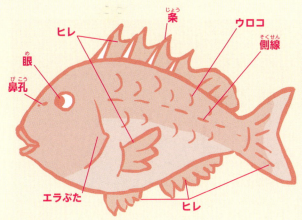

各部の働き

- **ヒレ**……泳ぐとき、バランスをとるときに使う。魚によって形やつくりが大きく異なる。

- **エラぶた**……エラを保護し、水の出し入れを行なう薄い板状のもの。サメやエイなどにはない。

- **眼**……人間とはちがい、レンズが球形。

- **鼻孔**……トンネル状の器官で、水に溶けたもののにおいがわかる。

- **側線**……流れの速度や方向を感知する器官。頭から尾にかけて体の両側に並んでいる。

- **条**……ヒレを支える骨および線状の組織。固いものは棘、柔らかく枝分かれするものは軟条と呼ぶ。

- **ウロコ**……体を守るためのもの。魚類のウロコは骨のような性質で、表皮の下から生えている。

5

知っておきたい用語集

大きさ

- **全長**……そのいきもの全体の長さ。たとえば魚の場合は、頭部の先端(吻端)〜尾ビレの先端までの長さを指す。
- **体長**……頭部の先端から尾のつけ根までの長さ。尾、触覚、ハサミなどは除く。

魚の成長段階

- **仔魚**……卵からふ化したあと、ヒレや骨格が形成されるまでの段階の魚。幼生とも呼ばれる。
- **稚魚**……仔魚の次の段階。ヒレができていき、ヒレの条や脊椎骨の数がその種類の定数に達した段階の魚。
- **未成魚**……稚魚の次の段階。ウロコはあるが、生殖器官は完成していない段階の魚。「幼魚」と「若魚」も未成魚に含まれる。
- **成魚**……生殖器官が完成し、繁殖が可能になった段階の魚。

生殖

- **卵生**……卵が母親の体外に生み出され、体外で受精、ふ化するもの。ほとんどの魚類や爬虫類、両生類、すべての鳥類などが卵生。
- **卵胎生**……卵を胎内でふ化させる。ふ化した子どもは卵黄などから栄養を吸収し、ある程度発育してから体外へ生み出される。卵胎生の魚としてはグッピーが有名。
- **胎生**……母体と子どもはヘソの緒などを通じてつながり、子どもは母体から栄養を吸収しながら、ある程度発育したあとに体外へ生み出される。

1章 海洋の いきものたち

ハンドウイルカ
マイルカ科
ほ乳類

水族館の
インテリ
アイドル ♥

画像提供／横浜・八景島シーパラダイス

全長 約3m
大きさくらべ

生息地
大西洋、北太平洋

かわいい顔して とっても かしこい

イルカショーでおなじみ、ハンドウイルカはイルカのなかでもとくに頭がよく、好奇心が強い。超音波を使ってイルカ同士で会話したりエモノを探すこともできる。「バンドウイルカ」と呼ばれることが多いけれど、正式和名は「ハンドウイルカ」。

ピーピーピー！
(ゴハンちょーだい)

🐟 イルカの鼻はどこにある？

答えは頭の上にある穴。これは「呼吸孔」といって呼吸するためのもの。イルカショーで聞こえるイルカの声はこの穴から出ている音で、超音波とはまた別のもの。気分によっていろんな音が出る。

水族館のなかまクイズ

Q イルカが呼吸孔から吸った空気でつくる泡のリングは何と呼ばれている？

① バブルリング　② イカリング　③ オナラ

☞ 答えは次のページ

©SR EXR

イルカの赤ちゃん

メスは5〜12才、オスは10〜12才くらいで大人になるよ

海のなかでもオッパイを飲む！

母イルカと泳ぐオスのハンドウイルカ。

画像提供／横浜・八景島シーパラダイス

🐟 濃厚な味わいのミルク

イルカは人間と同じほ乳類なので、赤ちゃんは母乳で育つ。母乳の成分は人間や牛のミルクと比べると脂肪分がとっても多く、少量で必要な栄養をとれるようにできている。

🍴 食事

🐟 チームならではの役割分担

主食は小さい魚類、イカやカニなどの甲殻類。ハンドウイルカはチームで狩りをする。1匹が尾ビレで砂を巻きあげながら円を描くように泳ぎ、魚の群れを円のなかに追い込む。そこをなかまが大きな音でおどろかせて、パニックになった魚を食べるという方法だ。

とったどー!!!
追い込み漁で魚の群れをゲット！

前のページの答え
答えは①　シロイルカがバブルリングをつくる芸を見せてくれる水族館もある。

イルカのなかま

©Yummifruitbat

鎌のようなヒレが特徴
カマイルカ
- マイルカ科
- 全長　約2m
- 生息地　太平洋北部の暖海

背ビレの後方が白く、鎌のように見えることから命名された。動きがすばやく、よくジャンプする。

画像提供／横浜・八景島シーパラダイス

白黒はハッキリつける！
イロワケイルカ
- マイルカ科
- 全長　約1.5m
- 生息地　南アメリカ南部、フォークランド諸島、インド洋ケルゲレン諸島周辺の海

イルカのなかでも小型の種。白と黒に分かれた体色から、パンダイルカとも呼ばれる。

画像提供／鴨川シーワールド

人呼んで海のギャング
シャチ
- マイルカ科
- 全長　6～9m
- 生息地　世界中の海

魚類以外にもアザラシやイルカ、クジラまで群れでおそって食べるが、飼育すると人なつこくなる。

画像提供／鴨川シーワールド

美しい鳴き声で魅了する
シロイルカ
- イッカク科
- 全長　3～5m
- 生息地　北極圏～寒帯の沿岸

別名ベルーガ。鳴き声が高いことから、海のカナリアとも。生まれたときの体はねずみ色。

11

ジンベエザメ
ジンベエザメ科

魚類

> 思ってたより
> 顔デカイって
> よくいわれるよ

子分を従え優雅に泳ぐ
魚類最大のボスザメ

©Zac Wolf

大きさくらべ
全長 5~10m

生息地
太平洋、インド洋、大西洋

どう？似合う？

ジンベエ羽織

🐟 日本の着物を着ている！？

体の背面の模様が甚兵衛羽織に似ていることから、日本では「ジンベエザメ」と名づけられた。その模様は個体ごとにちがいがある。

口は大きいけどエサは小さい

最大で体長18mくらいに成長するといわれている。顔幅もかなり広く、大きい個体では1m以上ある。大きなエサを食べそうな口をしているが、エサは小さな魚やプランクトンなど。

©Christian Jensen

水族館のなかまクイズ

Q サメがもつ第六感はどんな能力？
① 瞬間移動 ② 音でエモノの場所がわかる ③ 電気と磁力を感じる
☞ 答えは次のページ

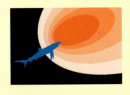

ジンベエザメの赤ちゃん

🐟 大人になれるのは150匹に1匹

サメは卵を生むタイプ（卵生）とお腹で育てた子どもを産むタイプ（胎生）のふたつに分けられる。ジンベエザメは子ザメを生む胎生タイプ。なんと一度に約300匹も生むが、大人になれるのは2匹くらいといわれている。

約55〜64cmの子ザメ×300匹

**とっても子だくさん！
1回で約300匹の赤ちゃんザメ**

👍 共生関係の魚

まさに虎の威を借るキツネ

オレ様の道をあけろー！

🐟 コバンザメはサメじゃなかった！

ジンベエザメのお腹あたりをよく見ると、ピッタリくっついている魚がいることがある。これはコバンザメ。大きなサメやクジラなどにくっついてエサのおこぼれなどを食べてくらしている。名前にサメとあるが、じつはスズキ目の魚。

前のページの答え
答えは③　サメはエモノが発する電気によって位置を認識する。

サメのなかま

画像提供／横浜・八景島シーパラダイス

ハンマーヘッドが目印
アカシュモクザメ

- ◆ シュモクザメ科
- ◆ 全長　1.5〜4.2m
- ◆ 生息地　太平洋、インド洋、大西洋、地中海

金づちみたいな形の頭をしている。日本の海でも見られるが、多少荒っぽい性格なので注意が必要。

画像提供／アクアワールド茨城県大洗水族館

大人になると地味になる
イヌザメ

- ◆ イヌザメ科
- ◆ 全長　約1.2m
- ◆ 生息地　インド洋東部〜西部太平洋

子ザメの頃は白黒のしま模様で、ウミヘビのような姿。大人になると全体的にうすい茶色になる。

©hirotomo t

東京湾にもいるサメ
ドチザメ

- ◆ ドチザメ科
- ◆ 全長　1.5m
- ◆ 生息地　本州〜九州、中国東部〜ロシア南部沿岸

日本の沿岸に多く生息し、水族館でもよく見かけるサメ。水槽の底にじっとしていることが多い。

画像提供／アクアワールド茨城県大洗水族館

海底にいるトラネコ!?
ネコザメ

- ◆ ネコザメ科
- ◆ 全長　約1.2m
- ◆ 生息地　朝鮮半島、中国東部、台湾の沿岸

トラネコのような色と模様。サザエやカニなどを、じょうぶな歯で殻までかみくだいて食べる。

15

イタチザメ
メジロザメ科 魚類

ギロリ 鋭い眼差し 人呼んで 「海のトラ」

おいらに近づくとケガするぜ！

🐟 見かけどおり怖い

幼魚の頃は体にしま模様があることから英名では「タイガーシャーク（トラザメ）」と名づけられた。見た目どおり性格も凶暴。全長約2.3m以上になると1m以上のエサも食べる。

© Kris-Mikael Krister

大きさくらべ
全長2.3m〜7.5m

生息地
太平洋、インド洋、大西洋

🐟 サメとイルカはどうちがう？

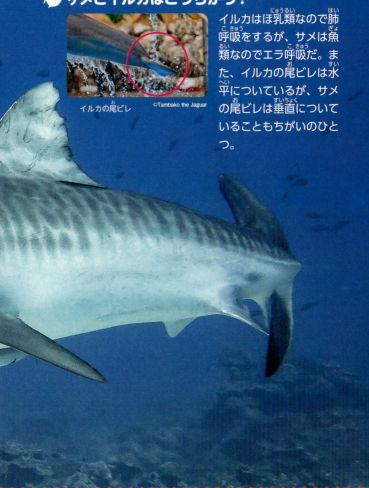

イルカの尾ビレ ©Tambako the Jaguar

イルカはほ乳類なので肺呼吸をするが、サメは魚類なのでエラ呼吸だ。また、イルカの尾ビレは水平についているが、サメの尾ビレは垂直についていることもちがいのひとつ。

水族館のなかまクイズ

Q サメに関係している食べものはどれ？
① とうふ
② フカヒレ
③ チョコレートパフェ

☞ 答えは次のページ

17

©chee.hong

🍴 食事

なんでも切り刻んでやるぜ！

イタチザメの歯
© Stefan Kühn

🐟 魚から金属片まで食べる

イタチザメは大きなあごとするどい歯でなんでも切り刻む。エサは動物や魚、ウミガメやウミヘビなどで、木片や金属片まで食べてしまうこともある。

体の秘密

🐟 おちんちんが2本ある

オスのサメはおちんちんをふたつ、メスのサメは卵巣をふたつもっている。もちろんイタチザメもふたつのおちんちんをもっている。水族館で観察してみよう。

オシッコするのに便利!?
©sponselli

前のページの答え
答えは② 「フカ」とはサメの別名。サメのヒレがフカヒレになる。

18

サメのなかま

©Pterantula

沿岸の暴れん坊将軍
オオメジロザメ

- メジロザメ科
- 全長　1.6〜3.4m
- 生息地　太平洋、インド洋、大西洋の沿岸

「ウシザメ」の愛称のとおり、どっしりした体型。海水浴場や港に現れることもあり、凶暴な性格なので絶対に近づかないように。

画像提供／アクアワールド茨城県大洗水族館

自慢の凶器でメッタ切り
ノコギリザメ

- ノコギリザメ科
- 全長　約1.5m
- 生息地　朝鮮半島〜台湾、北海道南部以南

ノコギリのような吻が特徴。この凶器をふり回してエモノを押さえつけたり傷つけたりして食べる。

画像提供／アクアワールド茨城県大洗水族館

今、岩になりきってます！
オオセ

- オオセ科
- 全長　約1m
- 生息地　北西太平洋の温帯〜亜熱帯

体の色や模様を海底に合わせて変えられる。水族館でも、水槽の一番下でじっとしている。

画像提供／アクアワールド茨城県大洗水族館

トラというよりヒョウ？
トラフザメ

- トラフザメ科
- 全長　約3m
- 生息地　太平洋、インド洋の浅海

ヒョウのような黒い斑点が特徴。昼間は海底で過ごし、夜になると魚やカニなどのエサを探す。

日本では糸巻き

イトマキ

頭に"糸巻き"のような頭ビレがあることから命名された。この頭ビレが悪魔のツノを連想させたらしく、「デビルレイ（悪魔のエイ）」という英名もある。大きな胸ビレを使って優雅に泳ぐ。

西洋では悪魔

いざとなったら刺すから！

写真はホシエイの尾にある毒針。
画像提供／海遊館

🐟 尾ビレに毒針があるので注意！

ムチのように長い尾部に小さな毒針があり、外敵におそわれたときは反撃のために毒針を刺そうとする。毒性は、アカエイほど強くない。

画像提供／海遊館

水族館のなかまクイズ

Q イトマキエイの倍ほど体が大きいオニイトマキエイの別名は？

① ビッグイトマキエイ　② マンタ　③ 鬼のパンツ

☞ 答えは次のページ

©jon hanson

イトマキエイの繁殖期
ジャンプして魅力をアピール

ふだんは1匹で生活しているイトマキエイだが、繁殖期になるとオスとメスが数千匹も集まって大きな群れをつくる。この時期のオスは海から空に向かってジャンプする。これはメスに「自分はかっこいい」アピールしているとか。

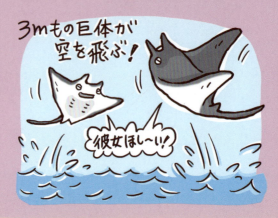

赤ちゃん
1回の出産で1〜2匹だけ

エイもサメと同じように卵生と胎生に分かれる。イトマキエイは胎生なので、赤ちゃんが1年くらい母エイのお腹で過ごしてから生まれてくる。1回の出産で生まれるのは1〜2匹だが、自力でエサをとれるくらい発育が進んでいる。

写真はオニイトマキエイ（マンタ）

前のページの答え
答えは② 水中を優雅に泳ぐ様子をスペイン語のマンタ（マントのこと）に見立てたことから。

エイのなかま

画像提供／新江ノ島水族館

ビリビリ！発電エイ
シビレエイ

- ◆ タイワンシビレエイ科
- ◆ 全長　約40cm
- ◆ 生息地　南日本、朝鮮半島～南シナ海

筋肉が変化してできた発電器官をもち、背中側に放電する。その電力は70～80ボルトといわれる。

画像提供／鶴岡市立加茂水族館

日本でいちばん見られるエイ
アカエイ

- ◆ アカエイ科
- ◆ 全長　約1.2m
- ◆ 生息地　北海道～九州、小笠原諸島、南シナ海～ロシア南東部

ふだんは海底で砂に潜り、じっとしている。尾にぎざぎざのある毒針を1～2本もつ。

©r_laszlo-photo

個性的な背中が美しい
マダラトビエイ

- ◆ トビエイ科
- ◆ 全長　約2m
- ◆ 生息地　紀伊半島～九州、琉球列島、世界の暖海

長いむち状の尾と、背面の白い斑点が目立つ。尾の付け根に毒針をもっている。

©J. Patrick Fischer

エラがお腹にあるのが目印
ノコギリエイ

- ◆ ノコギリエイ科
- ◆ 全長　7m
- ◆ 生息地　南シナ海～オーストラリア、東アフリカ～ニューギニア島

ノコギリエイ科の魚の総称。長い吻の両側にノコギリのようなするどいトゲが並ぶ。

23

泳ぎのカギを
にぎるのは
舵ビレ

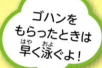

尾ビレのかわりに舵の役割をもつヒレをもっている。背ビレと尻ビレを左右に振り、小さな胸ビレでバランスをとって泳ぐ。おもなエサはプランクトン類など。

> ゴハンを
> もらったときは
> 早く泳ぐよ！

🐟 じつは胃腸が弱い？
飼育はたいへん

> 生魚まるごとは、
> いやだな〜……

マンボウは消化不良を起こしやすいため、水族館ではミンチ状にしたエビなどに栄養剤を配合してあたえるところもある。水槽が狭いとガラスにぶつかりやすいこともあり、飼育は難しい。

水族館のなかまクイズ

Q ときどき海面を横になってただよう姿から、英語では何と呼ばれる？

① サンフィッシュ　② スリープフィッシュ
③ グータラフィッシュ

☞ 答えは次のページ

25

サバ科 クロマグロ

「大きさも泳ぐのも なかまでは一番なんだ！」

瞬間時速100km! 泳ぎの速さはピカイチ

©aes256

大きさくらべ
全長 約3m

生息地
日本近海、北・西太平洋

前のページの答え
答えは① ひなたぼっこしているように見えるから、「太陽(サン)の魚」になったらしい。

じつは食べられすぎて絶滅しそう？！

マグロ全体の2％しかいないので価値が高く、本マグロと呼ばれる。人間による漁業で数が減りはじめ、絶滅の危険があるとして現在はとる量や時期が決められている。

画像提供　近畿大学水産研究所
人工ふ化させた卵から育ったクロマグロ

ぼくらは海を知らないんだ

生きている間はずっと泳ぎ続ける

日本近海からカリフォルニア沖まで、広い範囲を回遊する。数秒だけ時速80〜100kmで泳げるが、ふだんは時速7〜30km程度だといわれる。泳がないと呼吸ができないので、寝ている間も泳ぎ続ける必要がある。

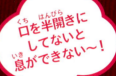

口を半開きにしてないと息ができない〜！

画像提供　近畿大学水産研究所

水族館のなかまクイズ

Q 冷蔵保存ができない時代は、マグロをどうやって食べていた？
① 生でまるかじり　② 塩漬けして加熱
③ ジャム

☞ 答えは次のページ

27

魚類 ニシン科 マイワシ

みんなでいっしょに泳ぐよ〜！

はぐれたら食べられちゃう！

集団行動第一！
一糸乱れぬ隊列が命綱

画像提供：のとじま水族館

大きさくらべ

全長 約25cm

生息地

太平洋の西側

前のページの答え
答えは② 江戸時代の後期からようやく一般的に食べられるようになったといわれる。

10月4日はイワシの日!

■ マイワシの漁獲量

食用魚として一般的だが、数十年周期で全体の数が大きく変わる。日本での漁獲量が1万トンを下回る年もあれば、約450万トンもとれる年もあった。地方によってはヒラゴ、ナナツボシとも呼ばれる。

大群で泳いで身を守る

まあ、クジラが来たらみんな食べられちゃうんだけどね〜

1匹だと確実に大きな魚に食べられてしまうが、数が多いとそれぞれのイワシが狙われる確率が下がるので、大群で泳いでいる。おどろいたときは側線という器官でほかの個体の動きを感じて、いっせいに同じほうへ逃げる。

画像提供 名古屋港水族館

水族館のなかまクイズ

Q 干すと「ちりめんじゃこ」になるイワシの幼魚。なんと呼ばれている?

① カラス　② ハラス　③ シラス

☞ 答えは次のページ

©hiro

29

ハリセンボン

ハリセンボン科

手を出したら針千本　海水でふくらんでチクリ！

画像提供　沼津港深海水族館

大きさくらべ

全長 約30cm

生息地

世界中の温帯の海

30
前のページの答え
答えは③　成長するごとにシラス、カエリ、コバ、チュウバ、オオバと呼び名が変わる。

水を飲んでトゲを立てる

危険がせまると、海のなかでは水を、海から出ているときには空気を吸い込み、体をふくらませてトゲだらけになる。身を守るだけでなく、体を大きく見せて相手をおどろかせる効果もあるが、動きは不自由になる。フグのなかまだが、毒はもっていない。

背ビレと尻ビレをぱたぱた動かして泳ぐ！

ふだんはトゲをたたんでいるんだよ〜

食べれるもんなら食べてみろ〜っ！

水族館のなかまクイズ

Q ハリセンボンのトゲは、実際は何本ぐらい生えている？
① 約100本　② 約400本　③ 約1000本

☞ 答えは次のページ

軟体動物 クリオネ科 クリオネ

飛んでる みたいでしょ？

ふわふわ 水中を ただようの〜♪

天使か悪魔か？ 北海からの贈り物

画像提供／鳥羽水族館

大きさくらべ
全長 1cm〜3cm

生息地
北洋

32　前のページの答え
　　答えは②　個体差はあるが、350本〜400本前後がほとんど。

人間の手で飼育するのは困難

エサとなるミジンウキマイマイの入手がとても難しく、満足に食事をあたえることができない。お腹をすかせたクリオネは小さくなり、やがて消えてしまう。

口を大きく、ぱかーっ！

貝殻はないけど、貝のなかま

クリオネは学名で、日本ではハダカカメガイという貝のなかま。北方の海の流氷にくっついて生活している。触覚の生えているような頭に口があり、食事をするときは機敏な動きでエサをつかまえる。

バッカルコーン
（6本の触手）

画像提供　鳥羽水族館

水族館のなかまクイズ

Q 老若男女に人気のあるクリオネ。
その愛称は次のうちどれ？
① 流氷の天使　② 裸の王様　③ 腹の虫

☞ 答えは次のページ

画像提供／鳥羽水族館

33

ひとくちメモ
水族館のなかまとの コミュニケーション

生きものとふれあうことができる、イベントやショーをチェックしよう。

　水族館によっては、生きものたちのトレーニング見学や、エサづくり、エサやり体験などをする機会が用意されている。ほかにも、温厚なサメやエイ、ヒトデなどにさわることができる水槽を設置していたり、ツメがするどくないカワウソと握手ができたりする水族館もある。さらにはシュノーケルをつけてイルカと一緒に泳ぐ、という本格的な体験を行なっていることも。

　興味があるイベントやショーを見つけたら、ぜひ参加してみよう。なお、定員や天候、年齢制限などで参加できないこともあるので、事前確認はしっかりと。

画像提供／京都水族館
京都水族館で行なわれている体験プログラム「イルカとハイチーズ！」。ハンドウイルカと記念撮影をすることができる。

画像提供／新江ノ島水族館
新江ノ島水族館のタッチプール。

画像提供／京都水族館

前のページの答え
答えは① 海の妖精と例えられることもある。

2章 水辺の いきものたち

画像提供／須磨海浜水族園

アシカ科
カリフォルニアアシカ

ほ乳類（にゅうるい）

愛嬌（あいきょう）たっぷり♪
芸達者（げいたっしゃ）の人気者（にんきもの）

見（み）よ、このバランス感覚（かんかく）

画像提供／宮島水族館

大（おお）きさくらべ
全長（ぜんちょう）約1.8〜2.5m

生息地（せいそくち）
アメリカ合衆国（がっしゅうこく）カリフォルニア沿岸（えんがん）、ガラパゴス諸島（しょとう）

イルカに並ぶ水族館のアイドル

よく水族館のアシカショーで活躍しているのがカリフォルニアアシカ。前脚でバランスを取って立ったり、鼻先で器用にボールをあやつることができる。水にぬれるとツルリとした肌合いで、スリムな体が特徴。

すべすべ〜♪

画像提供／鴨川シーワールド

オットセイ　オタリア
トド　アシカ

🐟 アシカ科の見分け方

脚がヒレになっているのが鰭脚類のなかまたち。アシカより毛深くて耳が目立つのがオットセイ、やや大きくてオスは毛がモフモフしているのがオタリア、アシカ科で最も大きいのがトド。

水族館のなかまクイズ

Q アシカにはあってアザラシにはないものは何？
① ヒゲ　② 耳たぶ　③ 勇気

☞ 答えは次のページ

アザラシの耳　©コムケ

アシカの親子

3日くらいは子どもを放置!?

イイコ、イイコ♡

画像提供／名古屋市東山動植物園

🐟 母親を待つことに慣れている子ども

メスは約1年の妊娠期間のあと、1匹の子どもを生む。子どもは2週間ほどで泳ぐようになるが、生まれてから1年間は母乳で育つ。そこで野生のアシカの母親は、子どもが乳離れするまでの約1年間、2〜4日間は海でエサを食べて、3日間ほど陸で子どもに母乳を与えるというサイクルをくり返す。

家族 🐟 お父さんといっぱいのお母さん

5〜7月はアシカたちにとって恋の季節。海岸や岩場のなわばりをめぐってオス同士がけんかを始め、強いオスが数十匹のメスを集めてハーレムをつくる。そのハーレムが寄り集まって、400匹くらいの集団でくらす地域もある。

強いオスがハーレムをつくる

あ、お母さん帰ってきた！

アシカの子どもはお母さんアシカがいっぱいいても自分の母親の声がわかる。

前のページの答え
答えは② アシカには耳たぶがあるが、アザラシは耳の穴が開いているだけ。

38

海生ほ乳類のなかま

©sharkdolphin / PIXTA(ピクスタ)

活動的で何でも食べる
オーストラリアアシカ

- ◆ アシカ科
- ◆ 全長　約1.5〜2.5m
- ◆ 生息地　オーストラリア南西部と西部の沿岸

活動的で、水面を飛びはねたり波に乗ったりする。小型のサメやペンギンなど、幅広いエサを食べる。

画像提供／おたる水族館

オスの体は超ビッグ
トド

- ◆ アシカ科
- ◆ 全長　2〜3m
- ◆ 生息地　北太平洋、北海道沿岸

アシカのなかまでは最大種。オスにはたてがみがあり、体重は約1トンをこえる個体もいる。

©TeaDrinker

昔は毛皮が最上級品だった
キタオットセイ

- ◆ アシカ科
- ◆ 全長　約1.4〜2.1m
- ◆ 生息地　ベーリング海〜オホーツク海の島々

一般的にオットセイと呼ばれる種。毛皮のために乱獲されたので、保護活動が進んでいる。

画像提供／おたる水族館

大きいキバがゾウみたい
セイウチ

- ◆ セイウチ科
- ◆ 全長　2.6〜3.5m
- ◆ 生息地　北極圏

犬歯が発達したキバは最長1mにもなる。このキバがゾウのようなので、漢字では「海象」と書く。

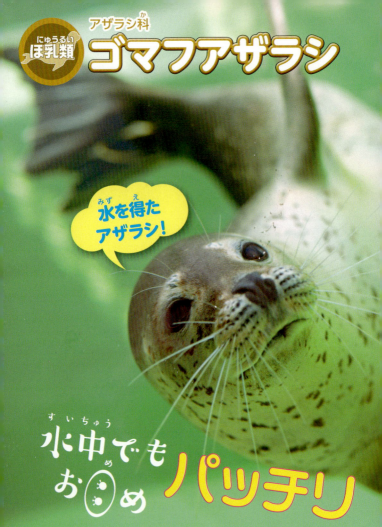

ゴマフアザラシ

ほ乳類 / アザラシ科

水を得たアザラシ！

水中でもお めめ パッチリ

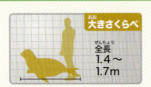

大きさくらべ
全長 1.4～1.7m

生息地
ベーリング海、チュコート海、オホーツク海、北海道近海

画像提供／須磨海浜水族園

ヤレヤレ、陸はお腹が重たいわ

🐟 陸上ではイモムシ、水中では華麗な動き

体に黒ゴマのような斑点があることから名づけられた。陸上ではまるでイモムシのようにはって移動するが、水中では水を得た魚のように速く泳ぐことができる。

🐟 水のなかで睡眠もできる

アザラシやアシカなど水に潜るほ乳類は、体内の血液中に酸素を取り込めるので、水中に長くいることができる。とくにゴマフアザラシは、睡眠ができるほど水中生活に適応している。

水族館のなかまクイズ

Q 野生のアザラシはどこで赤ちゃんを生む？
① 流氷の上 ② 海のなか ③ 病院

☞ 答えは次のページ

© Captain Budd Christman

41

アザラシの赤ちゃん

期間限定のかわいらしい姿

ゴマフアザラシの赤ちゃんは白くてフワフワの毛におおわれて生まれてくる。ただ、この姿を見られる期間は意外と短く、生後2〜3週間ほどで白い毛が抜けてゴマ模様が現われ始める。

モフモフ赤ちゃん

画像提供／須磨海浜水族園

体の秘密

毛に断熱と断水効果

アザラシは分厚い脂肪と密集した毛に断熱と断水効果があるので、冷たい海でも平気でいられる。この毛が生え変わる2〜4月頃、アザラシたちは陸にいることが多いので、毛が乾いてモフモフな姿を見ることができる。

日なたぼっこしよ♪

画像提供／須磨海浜水族園

前のページの答え
答えは①　白い氷の上で生まれる赤ちゃんは、天敵に見つかりにくい白い毛でおおわれている。

アザラシのなかま

© ハレ / PIXTA(ピクスタ)

カスピ海だけにすんでいる
カスピカイアザラシ

- アザラシ科
- 全長　1.4～1.5m
- 生息地　カスピ海

体は淡い褐色で、不規則な斑模様をもつ。塩水湖であるカスピ海と、カスピ海へ流入する河川に生息する。

画像提供／おたる水族館

なかまのなかでは一番小さい
ワモンアザラシ

- アザラシ科
- 全長　1.1m～1.7m
- 生息地　北極圏、亜北極圏

アザラシのなかで最も小さく、小さい生物を食べている。名前の由来は、輪の形をした斑模様（輪紋）があることから。

画像提供／おたる水族館

ヒゲには感覚がある
アゴヒゲアザラシ

- アザラシ科
- 全長　約2～2.6m
- 生息地　北極圏、亜北極圏、北海道

口の周りにアゴヒゲのような感覚毛が生えている。魚類はあまり食べず、カニやエビ、貝などを捕食する。

画像提供／おたる水族館

全身にお金がいっぱい！
ゼニガタアザラシ

- アザラシ科
- 全長　1.2～2m
- 生息地　北太平洋、北大西洋沿岸、北海道近海

一年中、沿岸付近にすんでいる。穴が開いた、昔のお金である「銭」のような輪の模様を全身にもつ。

43

コツメカワウソ

にゅうるい ほ乳類 / イタチ科

なあに？ゴハンくれるの？

キョトンとした表情がたまらない！

©Sean Murray

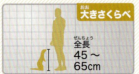

大きさくらべ
全長 45〜65cm

生息地
南アジア（インド、スリランカ）、東南アジア、中国

握手しーましょ！
ぎゅっ♪

画像提供
横浜・八景島シーパラダイス

ポヨポヨ手のひらと握手できる

カワウソのなかまでは一番体が小さい。名前のとおりツメも小さく、猫のツメほどとがっていない。エサを食べるときに石の隙間に手を入れる習性を利用して、コツメカワウソと握手ができる水族館もある。

パパはイクメン

野生のコツメカワウソは10～15匹くらいの群れで水辺にくらしている。オスとメスの結びつきが強く、オスもちゃんと子育てに参加する。また、兄弟も赤ちゃんの面倒をみる。

水族館のなかまクイズ

Q 日本に生息していたニホンカワウソは何とまちがわれていた？

① ラッコ　② ジュゴン　③ カッパ

☞ 答えは次のページ

水木しげるロードにはカワウソの妖怪「川うその化け物」像がある。

© 京浜にけ

45

ラッコ
イタチ科 / にゅうるいほ乳類

プカプカ
水に浮かぶ
のが得意

背泳ぎなら
まかせて!

大きさくらべ
全長
76～
120cm

生息地
北太平洋、日本(北海道)

前のページの答え
答えは③ 高知県などでカワウソはカッパの一種と考えられていた。

🐟 水に浮かんだまま寝る

ラッコは1日のほとんどを水に浮かんで生活している。ただ、海に浮かんで寝ていると波に流されてしまうので、野生のラッコはコンブなどを体に巻きつけて流されないようにする。水族館ではその習性のなごりで手をつないで寝るラッコが見られることがある。

スルメイカを食べるラッコ

画像提供／アドベンチャーワールド

🐟 道具を大事にする

ラッコはサルなどの霊長類を除いては、ほ乳類で唯一道具を使うかしこい動物。貝などをお腹の上に置いた石にぶつけて食べる。個体ごとにお気に入りの石をもち、それを大切にずっと使う。

脇の下のポケットにマイストーンをもってます

画像提供／アドベンチャーワールド

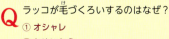

Q ラッコが毛づくろいするのはなぜ？
① オシャレ
② かゆいから
③ 水に浮かぶため

答えは次のページ

©su neko

ジュゴン

ジュゴン科

にゅうるい ほ乳類

ウシ？ ゾウ？ はたまた人魚(にんぎょ)？

カバにも見(み)えるかな？

大(おお)きさくらべ
全長(ぜんちょう)約4m

生息地(せいそくち)
インド洋(よう)〜太平洋南部(たいへいようなんぶ)の沿岸(えんがん)

前(まえ)のページの答(こた)え
答えは③ 毛(け)と毛の間(あいだ)に空気(くうき)がふくまれて浮(う)かびやすくなる。

48

ジュゴンは海の牛と書く海牛目のなかまの一種。たしかに体が大きく、ゆったりとした動きでエサの海草を食べるようすは、牧草をはむ牛に似ている。海でくらすほ乳類で完全に草食なのは海牛目のみ。

アマモ(海草)だーい好き！

画像提供
鳥羽水族館

🐟 海のなかにいるゾウ？

ジュゴンはほ乳類のなかまで、人魚のモデルになったという説もある。歯のつくりはゾウに近く、小さなキバも生えることから、先祖はゾウのなかまと考えられている。

水族館のなかまクイズ

Q ジュゴンのお尻から出ていることがある空気の泡は何？

① オナラ　② 酸素　③ 水素

☞ 答えは次のページ

画像提供／鳥羽水族館

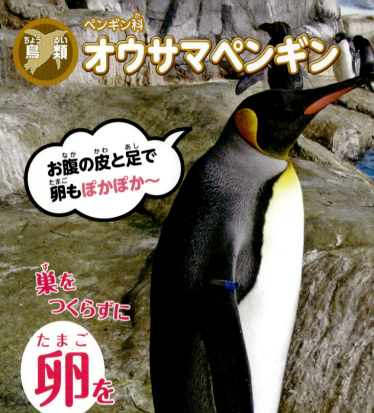

オウサマペンギン

鳥類 / ペンギン科

お腹の皮と足で卵もぽかぽか〜

巣をつくらずに**卵**を温め続ける

画像提供：横浜・八景島シーパラダイス

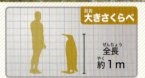

大きさくらべ
全長約1m

生息地
南極圏とその周辺の島

前のページの答え
答えは① エサの海草に食物繊維がふくまれているのでオナラが出る。

50

🐟 そっくりさん！コウテイペンギンとの見分け方

ほら、模様がちがうでしょ？

コウテイペンギン
©Dbush

わかりやすいちがいは、首の模様の形。ちなみにコウテイペンギンは、先に見つかっていたオウサマペンギンよりも大きいので、もっとえらい「コウテイ」と名づけられた、という説がある。

🐟 胸元の模様が特徴的

すいすい〜♪

体が大きくて、潜るのがとってもじょうず！

©Dick Thomas Johnson

コウテイペンギンの次に大きなペンギンの種。首の横にある、まが玉のような形の模様が特徴的。水に潜る能力に優れ、水深322mまで潜った記録もある。繁殖期には巣をつくらず、群れで子育てをする。

水族館のなかまクイズ

Q 全部で19種類いるペンギン。そのうち「南極大陸」で子どもを産んで育てるのはどのくらいいる？
① 全部 ② 半分くらい ③ ちょっとだけ

☞ 答えは次のページ　51

ペンギンの赤ちゃん

卵がふ化するまで、飲まず食わずで子育てする！

「パパ、ママと同じ姿になるまでに一年！」

「歩くときも卵といっしょ」

🐟 両親が交代で卵を抱く

卵は52〜56日程度でふ化する。それまではオスとメスが交代で抱き続け、ふ化するまでは何も食べない。赤ちゃんペンギンは茶色いふわふわの毛におおわれている。

食事 意外と強いクチバシの力

🐟 水中で狩りをする

主食は魚類やイカで、水に潜ってエサをつかまえる。地上ですばやく動くのは苦手で、繁殖期や換羽期に地上でくらす間は絶食することになる。水中でエモノを狩るクチバシは、意外とするどい。エサやりのときに手までぱくっとされると、傷だらけになってしまうほどである。

「順番に食べるんだよ」

「早く早くー！」

前のページの答え
答えは③ 南極大陸で子育てを行なうのは、コウテイペンギンとアデリーペンギンの2種だけ。

ペンギンのなかま

画像提供／名古屋港水族館

サイズも泳ぎも皇帝級
コウテイペンギン

- ◆ ペンギン科
- ◆ 全長　約1.3m
- ◆ 生息地　南極大陸

ペンギンのなかで最大の種。約16分潜水でき、564mの深さまで潜った記録がある。

©EUPARO

泳ぐ速度ナンバーワン
ジェンツーペンギン

- ◆ ペンギン科
- ◆ 全長　約90cm
- ◆ 生息地　南極圏とその周辺の島

おとなしい性格で、別名オンジュンペンギンとも。ペンギンでは最速の時速36kmで泳げる。

©Ogasawara-Photo

ぴょんぴょん元気にはねる
ミナミイワトビペンギン

- ◆ ペンギン科
- ◆ 全長　約45〜60cm
- ◆ 生息地　アルゼンチン、チリ、フォークランド諸島など

岩の上を飛びはねて移動する。海岸のがけにある岩のくぼみや低木の下などで繁殖を行なう。

画像提供／鴨川シーワールド

穴を掘って子育てする
フンボルトペンギン

- ◆ ペンギン科
- ◆ 全長　約70cm
- ◆ 生息地　南アメリカの西海岸とその周辺の島

くちばし周辺のピンクが特徴。一年中同じ場所で過ごしている。地面に穴を掘って巣をつくる。

爬虫類（はちゅうるい）
ウミガメ科（か）
アオウミガメ

ウミガメ界（かい）ではレアな
草食系（そうしょくけい）！

平和（へいわ）に
くらしたい……

大（おお）きさくらべ
甲長（こうちょう）
約（やく）1m

生息地（せいそくち）
太平洋（たいへいよう）、インド洋（よう）、大西洋（たいせいよう）

みんな、ガツガツしてるよなぁ〜

おだやかな海にくらし、海藻を好む

幅広で平らな甲羅が特徴。多くのウミガメは肉食だが、この種は海藻を好む。主食とするアマモなどの海藻が生えている、沿岸のおだやかな海にすむ。産卵の時期は集団で繁殖地までの遠い距離を移動する。

体の中身が青緑!?

名前の由来は、脂肪が青緑色をしていること。肉がおいしく、甲羅はべっ甲の代わりになることから卵や子ガメも乱獲され、絶滅危惧種となっている。

海での数は減ったけど、水族館で会えるよ!

水族館のなかまクイズ

Q 海に適応した結果、退化したウミガメの甲羅。陸にくらすカメの甲羅とのちがいは?
① 頭を引っ込めることができない
② 非常食になる
③ 引っ張るとすぐ脱げる

ホシガメ　アオウミガメ

☞ 答えは次のページ　55

ウミガメの赤ちゃん

🐟 陸は危険がいっぱい

春から夏にかけての産卵の際、メスは浜辺へ上陸し、穴を掘る。そこに100個以上の卵を生み落とし、砂でおおう。ふ化した子ガメは海に向かう間に、カニやカモメに捕食されてしまうことが多い。

卵を産むために上陸する

© Ogasawara-Photo / PIXTA(ピクスタ)

わわ、早く海に逃げなきゃっ

©Kentaro Ohno

🍴 食事

成長すると食の好みが変わる

画像提供―新江ノ島水族館

水族館では野菜を食べるよ〜

🐟 子どものときはカニも食べる

大人のアオウミガメは草食の傾向が強いが、子ガメのうちはカニやクラゲなども捕食する。ほかのウミガメは大人になっても肉食の場合がほとんど。

前のページの答え
答えは① 手足と甲羅は、素早く泳げるように発達している。

ウミガメのなかま

©Strobilomyces

ハート型の甲羅が特徴
アカウミガメ

- ウミガメ科
- 甲長　70cm〜1m
- 生息地　太平洋、インド洋、大西洋

日本本土の海岸にも上陸し、水族館でもよく見られる種。頭部が大きく、甲羅はハート型に近い。

©Bernard Gagnon

丸っこくて小さい姫ガメ
ヒメウミガメ

- ウミガメ科
- 甲長　約70cm
- 生息地　太平洋、インド洋、南大西洋の一部の熱帯

小型で、甲羅がほかのウミガメよりも丸い。インドのアリバダでは毎年10万頭以上が産卵する。

©U.S. Fish and Wildlife Service Southeast Region

世界最大級！カメの長老
オサガメ

- オサガメ科
- 甲長　1.2〜1.9m
- 生息地　太平洋、インド洋、大西洋

カメ類のなかまでは最大の種。外洋でくらし、泳ぐ力もカメ類で最も優れている。

© Hoffryan

美しい甲羅は貴重品
タイマイ

- ウミガメ科
- 甲長　50cm〜1.1m
- 生息地　太平洋、インド洋、大西洋

ベッコウガメとも呼ばれるとおり、べっ甲の材料として乱獲され、絶滅危惧種に指定されている。

ミズクラゲ科 ミズクラゲ
刺胞動物

ゆらゆら ぷかぷか、
流れるままに 過ごす

人生の荒波には逆らわないのさ〜

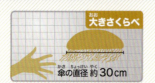

大きさくらべ
傘の直径 約30cm

生息地
世界中の温暖な海、日本沿岸各地

クラゲはクラゲでも、ぜんぜんちがう！

クラゲというのは水中で浮遊してくらす生物の総称。だが、ミズクラゲのように触手をもつ刺胞動物門と、触手の代わりにハエ取り紙のような細胞をもつ有櫛動物門のものは、分類上ちがう動物とされる。

刺胞動物門のクラゲ

ミズクラゲ

ジュウモンジクラゲ

アンドンクラゲ

カツオノエボシ

> 四葉のクローバーみたいでかわいいでしょ？

©BS Thurner Hof

🐟 広い範囲にただよっている

4つある胃や生殖器の形から、ヨツメクラゲとも呼ばれる。日本近海では最もよく見られるクラゲ。毒性は弱めで、世界中の暖かい海に広く分布している。

水族館のなかまクイズ

クラゲのなかまはどのぐらい前から地球に存在していた？
① 2000年前　② 500万年前　③ 6億年前

☞ 答えは次のページ

画像提供 すみだ水族館
有櫛動物門のウリクラゲ

ミズクラゲの赤ちゃん　大人になるまでの変化がはげしい

ポリプ
画像提供／すみだ水族館
イソギンチャクのようなかたちのポリプ。

ストロビラ
画像提供／すみだ水族館
ポリプにくびれがたくさんできる。

エフィラ
画像提供／すみだ水族館
1個体として独立した状態。

岩にくっついて個体を増やす

卵はメスの体のなかで受精するとプラヌラ幼生になり、そのあとは岩盤などに付着して、ポリプと呼ばれる形になる。そしてさらにストロビラ→エフィラを経て、成体のクラゲへと成長していく。

生活との関わり

数が多いのは一長一短

ときどき大量発生してさわぎになるのがこのクラゲ。発電所の冷却用水取り込み口に押し寄せ、停電を起こしてしまうこともある。

わざとじゃないもーん

わざとじゃないもーん！

わざとじゃないもーん！

増えすぎて、停電を起こす!? おさわがせクラゲ

©ume-y

前のページの答え
答えは③　10億年前から存在するという説もある。

クラゲのなかま

©Joe Ravi

別名はハクションクラゲ
アカクラゲ

- ◆ オキクラゲ科
- ◆ 傘の直径 約30cm
- ◆ 生息地 日本沿岸各地

カサに16本ある褐色の筋をもつ。毒性が強く、乾燥した粉末を吸い込むとくしゃみが止まらなくなる。

画像提供／すみだ水族館

花笠のように美しい
ハナガサクラゲ

- ◆ ハナガサクラゲ科
- ◆ 傘の直径 約15cm
- ◆ 生息地 本州〜九州

触手はピンク、紫などカラフルな色をしている。その美しさから、海外の水族館でも人気がある。

画像提供／新江ノ島水族館

危険！電流のような猛毒
カツオノエボシ

- ◆ カツオノエボシ科
- ◆ 傘の長さ 約10cm
- ◆ 生息地 関東より南

浮き袋で海面をただよう。刺されると強烈に痛いことから電気クラゲとも呼ばれ、死者も出ているほど。

© Sarah / PIXTA(ピクスタ)

人類の夢？ 不老不死の力
ベニクラゲ属の一種

- ◆ ベニクラゲモドキ科
- ◆ 傘の高さ 約1.2cm
- ◆ 生息地 茨城県、山形県より南

ベニクラゲ類はほかのクラゲとはちがって、性成熟した後にふたたびポリプへ若返る能力をもつ。

61

コバルトヤドクガエル

ヤドクガエル科

両生類

キレイだからって、触らないでよね！

鮮やかなブルーに敵は真っ青！

大きさくらべ
全長 3.8〜4.5cm

生息地
南アメリカのスリナム

みんな、ちょっとずつ模様がちがうね！

南アメリカのスリナムにあるサバンナ地帯の一部に生息する。世界で最も美しいとされるカエルの一種。体全体が青く、背中には深い青の斑点がある。

目立つ見た目は警告の色

ヤドクガエル科のなかまは、ほとんどが鮮やかな体色だが、これは外敵を遠ざけるための警告色の役割を果たす。「ヤドク」とは、インディアンが毒矢をつくるときに使われたことに由来。

ヤドクガエル科のなかまであるモウドクフキヤガエルは、1匹で10人を死なせる毒をもつとされる。

画像提供 沼津港深海水族館

水族館のなかまクイズ

Q ヤドクガエルを飼いたいとき、毒にはどうやって対処する？
① 全身を洗い流す　② しっかりしつける
③ ペット用のヤドクガエルに毒はない

こちらはイチゴヤドクガエル

答えは次のページ

63

両生類

オオサンショウウオ科
オオサンショウオ

きれいな水が大好き〜

世界最大の両生類

© やなぎ / PIXTA(ピクスタ)

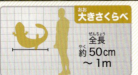

大きさくらべ
全長 約50cm〜1m

生息地
岐阜県より西の本州、九州、四国の一部

前のページの答え
答えは③ 野生ではエサのアリなどから毒をつくるといわれる。

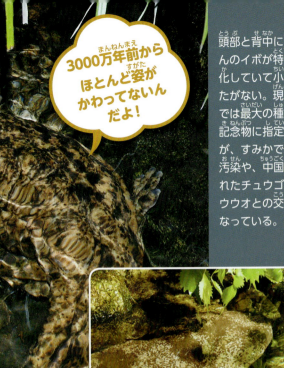

3000万年前からほとんど姿がかわってないんだよ！

頭部と背中にあるたくさんのイボが特徴。目は退化していて小さく、まぶたがない。現生の両生類では最大の種。特別天然記念物に指定されているが、すみかである渓流の汚染や、中国から移入されたチュウゴクサンショウウオとの交雑が問題になっている。

画像提供 京都水族館

岩と同化してかくれんぼ

夜行性で、昼間は岸辺の穴にいる。基本的に水底で生活しているが、成体は肺呼吸なのでときどき水中から鼻を出して空気を吸う。

水族館のなかまクイズ

Q オオサンショウウオの別名「ハンザキ」は、ある俗説が由来。それはどんなもの？

① 体を半分にしても死なない　② ハンザキさんが飼っていた
③ 肉を半分食べると長生きできる

答えは次のページ

ひとくちメモ

いきものが水族館にやってくるまで

海や川でくらすいきものたちが展示されるまでには、たくさんの苦労がある。

飼育員が直接捕まえに行く場合もあれば、ほかの地域の水族館と交換したり、漁師と協力して捕獲したり、輸入業者に依頼したりと、いきものたちが水族館にやってくるパターンはさまざま。繁殖に成功し、生まれも育ちも水族館といういきものもいる。

最も重要なのは、運ぶときにいきものにストレスや負担をかけないこと。傷をつけない方法で捕まえ、大きな水槽と十分な水を用意する。慎重に運ばれたあとは、まず展示スペースからは見えない水槽で環境に慣れさせる。いきものたちの元気な姿が見られるのは、多くの人の努力の結晶なのだ。

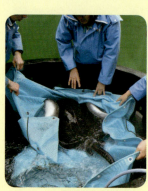

画像提供／名古屋港水族館

マダラエイを水族館の水槽に運び入れようとしているところ。

画像提供／おたる水族館

世界で初めて飼育下での繁殖に成功した、おたる水族館のワモンアザラシ。

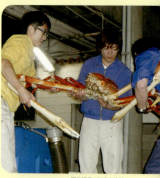

画像提供／竹島水族館

竹島水族館はタカアシガニを全国の水族館へ分けている。

前のページの答え
答えは ① 口が大きく裂けているから、という説もある。

66

3章 水底の いきものたち

節足動物 クモガニ科
タカアシガニ

オレより
スタイルいいやつなんて
いないよなぁ〜♪

存在感ピカイチ！
世界一脚の長いカニ

画像提供　竹島水族館

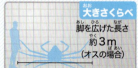

大きさくらべ
脚を広げた長さ
約3m
(オスの場合)

生息地
岩手県沖〜九州沿岸

体よりも巨大い脚

節足動物のなかで最も脚の長い種。甲長はおよそ35cmほどだが、成長したオスがハサミ脚を広げると、最大で4mほどになることも。メスの脚はそこまで長くならない。水深200〜400mの海底にすんでいるが、産卵の時期には浅い海に移動する。

遅い　脚がからみやすい
速い　歩幅が大きくなる

🐟 どうしてカニは横に歩く？

カニのなかまは横に歩くことが多いが、前後に進むことができないわけではない。だが、脚の関節は一つの方向にしか曲げられないため、速く進もうとするとどうしても横歩きになってしまうのだ。

水族館のなかまクイズ

Q カニとエビ、脚が多いのはどっち？

① カニ　② エビ　③ 両方とも同じ

☞ 答えは次のページ

ニシキエビ　©harum.koh

タカアシガニの赤ちゃん

だれにも触れさせないぜ〜

画像提供／すさみ町立エビとカニの水族館
タカアシガニの幼生。

画像提供／鳥羽水族館

交尾前のオスはメスをガードする

交尾の前は、オスがメスを守るような行動をとる。受精した卵から生まれた幼生は親とはちがう形をしている。その後はゾエア期、メガロパ期を経て、親と同じような姿になる。

生活との関わり

魔よけのお守りとして飾られる

迫力あるだろ？

静岡県沼津市戸田はタカアシガニが特産で、底引き網やカニかごで漁獲されて食用になっている。また、その甲羅に顔を描いて玄関先にかざり、魔よけのお守りにする風習があった。

沼津港深海水族館では、夏季にお面づくりのイベントを行っている。
画像提供／沼津港深海水族館

前のページの答え
答えは③　カニとエビは「十脚目」に分類される。つまり、どちらも脚は10本。

70

カニのなかま

© ふうけ

オスのハサミは超アンバランス
シオマネキ
- スナガニ科
- 甲幅　約3.5cm
- 生息地　本州中部〜沖縄県

オスのハサミ脚は左右どちらかが大きくなるが、メスは両方小さい。なわばり意識が強い。

©Kzhr

カニ界のあまのじゃく
アサヒガニ
- アサヒガニ科
- 甲幅　約20cm
- 生息地　相模湾より南〜ハワイ〜アフリカ東岸まで

ふだんは砂のなかに潜り、目だけを出している。ほかのカニとはちがい、前後に歩く。

©photolibrary

甲羅はひし形
ヒシガニ
- ヒシガニ科
- 甲幅　約10cm
- 生息地　東京湾以南〜オーストラリア

横に広いひし形の甲羅をもつ。名前の由来は、水生植物「ヒシ」の実に似ていることから。

©NOBU / PIXTA(ピクスタ)

視力は悪くないよ
メガネカラッパ
- カラッパ科
- 甲幅　約10cm
- 生息地　インド洋、太平洋

目の周りに眼鏡のような斑紋がある。カラッパのなかまは、かつてはマンジュウガニと呼ばれていた。

71

イセエビ

節足動物 / イセエビ科

じつは臆病な高級エビ

ながーーーい触角！

強そうだろ！
……だからケンカは売らないでね？

画像提供　鳥羽水族館

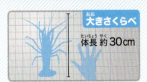

大きさくらべ
体長 約30cm

生息地
茨城県以南〜九州、朝鮮半島、台湾

72

画像提供 鳥羽水族館

ト、トゲがあるから食べたら痛いぞっ!?

複数の触角を使いこなす

よろいを着ているような外見。体長ほどの長さの触覚をもち、つけ根はトゲや突起でおおわれている。この触覚で周囲を探ったり、武器として使ったりする。あいだにある細い触覚は、センサーの役割をもつ。

逃げるときは後ろにジャンプ。

キャーッ!!

タコは天敵

争いを好まない性格で、敵にあうと後ろに飛びはねて逃げる。身を守るハサミをもたないが、触覚のつけ根のかたい部分をこすりあわせ、ギーギーという音を出して威嚇する。

水族館のなかまクイズ

 イセエビとロブスターの一番大きなちがいは何？
① エラ呼吸か肺呼吸か
② 寿命の長さ　③ ハサミの有無

ヨーロピアンロブスター　©Bart Braun

答えは次のページ

73

イセエビの卵

うちの子が
ケガしたら
どうする
のよ〜っ

画像提供
三重県水産研究所

たくさんの受精卵を抱きかかえる

抱卵している
メスのイセエビ。

クルマエビとは別のグループ

イセエビは数10万個の受精卵を腹部に抱き、ふ化するまで守っている。多くのエビやカニはこの方法で子育てをする抱卵類で、直接卵を水中に放つクルマエビやサクラエビは根鰓類（おとなのエラが羽毛状になっていることから）とされる。

成長

新しい殻はやわらかい

エビやカニのなかまは、脱皮をくり返して成長する。脱皮したあと、しばらくは殻がやわらかい。古い殻のなかで準備されていた新しい殻は、脱皮してしばらくたたないとかたくならないのだ。

前のページの答え
答えは③　ロブスターはハサミをもつ。食用の場合、海外産イセエビもロブスターと呼ぶ。

エビのなかま

©Serguei S. Dukachev

トゲトゲ脚はとっても便利
シャコ
- ◆ シャコ科
- ◆ 全長　約15cm
- ◆ 生息地　北海道より南、中国南部

鋭いトゲのある脚をもち、ハサミのように使って小魚やほかのエビを捕食する。

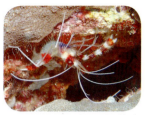
©つちのこ／PIXTA(ピクスタ)

海のきれいなそうじ屋さん
オトヒメエビ
- ◆ オトヒメエビ科
- ◆ 全長　約8cm
- ◆ 生息地　インド洋、西太平洋、西大西洋

透明な体にしま模様があり、最も美しいエビの一種。魚に付いた寄生虫を取りのぞく習性をもつ。

画像提供／新江ノ島水族館

まるでボタンの花のよう
ボタンエビ
- ◆ タラバエビ科
- ◆ 全長　約20cm
- ◆ 生息地　北海道の内浦湾～高知県の土佐湾

ボタンの花のように赤い斑点が名前の由来。不規則な赤い斑と、数十本のトゲをもつ。

画像提供／新江ノ島水族館

ヒトデが大好きな偏食家
フリソデエビ
- ◆ フリソデエビ科
- ◆ 全長　約4cm
- ◆ 生息地　本州中部以南、インド洋、太平洋の温帯・熱帯

振りそでのようなハサミ脚をもつ。ヒトデがおもなエサで、全身が棘におおわれているオニヒトデでさえ食べる。

軟体動物 マダコ科 **マダコ**

> 伝説とか小説では、怖い存在なんだって〜

長い腕でえものをからめとる！

画像提供／魚津水族館

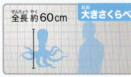

大きさくらべ
全長 約60cm

生息地
日本各地、西太平洋、インド洋、大西洋

狭いところに入りた〜い……

身を守るために墨を吐く

ヨーロッパなどではデビルフィッシュと呼ばれ恐れられているが、タコのなかで最もポピュラーな種。ふだんは赤褐色の体をしているが、状況によって色を変えることもできる。危険なときは墨を吐いて逃げ、岩のすき間などに隠れてしまう。例外もあるが、寿命は1〜2年。

吸盤の並び方で性別がわかる

スーパーに売っているゆでダコでも、腕についている吸盤の形で性別を判断することができる。先に向かって大きいものから小さいものへ規則的に並んでいるのがメス、ところどころ不規則に大きいものがあるとオス。

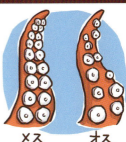

メス　オス

水族館のなかまクイズ

Q タコの丸い部分は、人間でいうとどの部位？
① 頭　② 胴体　③ 第三の目
☞ 答えは次のページ

ミズダコ。　画像提供／新江ノ島水族館

赤ちゃん　命をかけて子どもを見守る

> 強い子になるのよ～

🐟 数万個以上の卵を産む

春から夏にかけて、1匹あたり数万〜15万個もの卵を岩礁のくぼみなどに生みつける。房状になった卵をメスは保護し、子ダコのふ化を見届けて死ぬ。卵は25日ほどでふ化し、1年で成体になる。

画像提供／魚津水族館

タコつぼのなかで卵（奥の白い部分）を守るマダコ。

食事

つかまえた♪

🐟 カニやエビが好物

おもなエサのカニやエビが動き出す夜に行動することが多い。まず吸盤で吸いつき、えものを抱え込む。そして腕の中心にある口を使って、殻の中身だけを食べる。タコの敵は少ないが、水質などからストレスが高まると、自分の腕を食べてしまうこともある。

かたい殻もなんのその！

前のページの答え
答えは②　この部分には内臓が入っている。目や口があるところが頭。

タコのなかま

画像提供／おたる水族館

世界最大のタコ
ミズダコ

- ◆ マダコ科
- ◆ 全長　約3m
- ◆ 生息地　本州中部より北、北太平洋

最も大型のタコで、最大で9.1mという記録がある。小型のサメ程度なら捕食してしまう。

画像提供／鳥羽水族館

小さくても猛毒注意
ヒョウモンダコ

- ◆ マダコ科
- ◆ 全長　約10cm
- ◆ 生息地　房総半島以南、インド洋、太平洋の温帯・熱帯

体の表面の青い模様が目立つ。フグと同じ猛毒をもち、かまれると命を落とすこともあるので注意。

画像提供／新江ノ島水族館

ごはんみたいな卵を産む
イイダコ

- ◆ マダコ科
- ◆ 全長　約30cm
- ◆ 生息地　北海道以南～西太平洋の温帯

腕のつけ根に、金色の模様がある。卵の形がごはん粒のようなので、「飯蛸」と呼ばれるようになった。

画像提供／沼津港深海水族館

深海にすむUFO!?
メンダコ

- ◆ メンダコ科
- ◆ 全長　約20cm
- ◆ 生息地　南日本周辺の深海

円盤状の体がかわいらしく、様々なキャラクターグッズが販売されている人気者。

軟体動物 コウイカ科 コウイカ

🐟 ポケットに腕を隠しもつ

ふだんは2本の触腕をポケットにしまっているが、伸ばすと20cmほどになる。俗にハリイカ、スミイカ、マイカなどとも呼ばれる。イカのなかまは寿命が1年程度なので、タコに比べると展示されることが少ない。

甲は貝時代の名残り

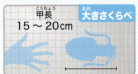

甲長 15〜20cm　**大きさくらべ**

生息地 本州〜九州、中国、東南アジア沿岸、オーストラリア北岸

画像提供／京都府農林水産技術センター海洋センター

いつでも腕を10本出してると思った〜?

イカのなかでも特においしいことでも有名なんだ

イカがもつ甲羅ってどんなもの?

骨がなく、やわらかい体をもつイカやタコの祖先は貝。コウイカ類の体内には「甲」と呼ばれるかたくて平べったい物質があるが、甲は貝殻が退化したものである。

イカはコウイカ類とツツイカ類にわけられるよ。ボクはツツイカ類

アオリイカ

画像提供／新江ノ島水族館

 水族館のなかまクイズ

Q タコやイカは腕をもつが、足は0本とされる。腕の定義って何?

① ものをつかむ　② すばやく動く
③ 力こぶができる

腕が10本 足は0本

☞ 答えは次のページ　81

タツノオトシゴ

ヨウジウオ科

魚類

ウマみたいな顔っていったのだれ!?

海のなかにくらす小さなドラゴン!?

大きさくらべ
全長 約10cm

生息地
世界中の温暖な海、北海道と琉球列島をのぞく日本各地

前のページの答え
答えは① イカだけがもつ 触腕は人間でいう手にあたる。

🐟 こう見えても魚のなかま

タツノオトシゴはとてもユニークな姿をしているため、ウマやリュウにたとえられ、「ウミウマ」や「タツノコ」など日本各地でさまざまな呼び名がある。しかしじつは、エラをもつれっきとした魚の一種。

くるくるしっぽで海藻をキャッチ

この海藻の巻き心地はなかなか……

体の下のくるんとした部分はヒレではなくて尾。1カ所にとどまるときには、尾を海藻などに巻きつける。また、魚なのに体にはウロコがなく、甲板でおおわれている。

水族館のなかまクイズ

乾燥したタツノオトシゴは昔からお守りとして使われてきた。その御利益は？
① 出世　② 安産　③ 交通安全

☞ 答えは次のページ

©︎ Jon Zander

83

タツノオトシゴの育児

オスが妊娠⁉ 魚界イチの子煩悩パパ

元気に生まれてくるんだぞ

画像提供／新江ノ島水族館

🐟 オスがお腹で育児

タツノオトシゴのなかまのオスには、お腹の辺りに育児嚢という器官がある。メスはこの育児嚢に卵を産みつけ、オスがふ化させる。産卵から2～6週間ののち、オスはお腹に力を入れながら稚魚を押し出す。

タツノオトシゴの赤ちゃん

🐟 大人と同じ姿で生まれてくる

育児嚢で育てられた子どもたちは、小さいながらも親と同じ姿で生まれてくる。その数は、親の大きさなどによって異なるが数十～数百匹が一般的。大型のタツノオトシゴのなかまには、2000匹近い子どもを生んだ例もある。

生まれたときには一人前!

子どもだけどちゃんと巻きつけるよ!

オオウミウマ

前のページの答え
答えは② 袋に入れて妊婦にもたせておくと、出産が軽くなるのだとか。

84

タツノオトシゴのなかま

©kaoticsnow

南の海を優雅にただよう
ウィーディーシードラゴン

- ◆ ヨウジウオ科
- ◆ 全長　約25cm
- ◆ 生息地　オーストラリア南部

タツノオトシゴのなかまだが、尾部で海藻に巻き付くことはできない。流されるまま海をただよう。

30cmにおよぶ大型種
オオウミウマ

- ◆ ヨウジウオ科
- ◆ 全長　約30cm
- ◆ 生息地　南日本、琉球列島、西太平洋、インド洋

日本の近海で見ることのできるタツノオトシゴのなかまでは、とくに大きな種。

スレンダーなオネエ系!?
ヨウジウオ

- ◆ ヨウジウオ科
- ◆ 全長　約30cm
- ◆ 生息地　琉球列島をのぞく日本各地

タツノオトシゴ同様オスが出産する。体が細長く、尾部はまっすぐで尾ビレがあることが、タツノオトシゴ類とのちがい。

©bocagrandelasvegas

イトコはまっすぐなヤツ
タツノイトコ

- ◆ ヨウジウオ科
- ◆ 全長　約10cm
- ◆ 生息地　南日本、琉球列島

尾ビレはないものの首は曲がっておらず、タツノオトシゴとヨウジウオの中間のような姿をしている。

ヒラメ科 ヒラメ
魚類

口をひらくと鋭い歯がギラリ

こう見えて
けっこう肉食系

画像提供／新江ノ島水族館

大きさくらべ
全長 約80cm

生息地
琉球列島をのぞく日本各地

左ヒラメに右カレイ

よく似たこれらの魚。目を上にしたときの目の位置で見分ける「左ヒラメに右カレイ」が有名だが、これはよく日本でとれるカレイやヒラメの場合で、例外も多い。ヒラメも、ごくまれに右側に目がある個体がいる。

ぼくらそんなに単純じゃないよ！

砂のふりして待ち伏せる

ヒラメはかくれんぼの名人だ。その平べったく褐色の体を活かして砂のなかにひそみ、とおりかかったエモノにおそいかかる。海底にすむ魚のほか、イカや甲殻類もターゲット。

水族館のなかまクイズ

Q ヒラメやカレイの子どもの目はどうなっている？

① 成魚と同じ片側　② ふつうの魚と同じ両側
③ サングラスをしている

画像提供／浅虫水族館

答えは次のページ

節足動物 スナホリムシ科 ダイオウグソクムシ

死体を食べる！世界最大のダンゴムシ

💬 残念ながら、丸くはなれないよ

またの名を深海の掃除屋

画像提供／新江ノ島水族館

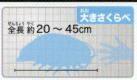

大きさくらべ
全長 約20〜45cm

生息地
大西洋、インド洋

前のページの答え
答えは②　成長につれ、目が移動し、生後30日程度で片側に集まる。これはヒラメも同じ。

見た目よりも省エネ志向?

エサの少ない深海にすんでいるからか、大きさに比べてとても少食。5年以上絶食を続けた個体もいる。食べなくても生きていける理由については、現在研究が進められている。

画像提供：鳥羽水族館

もぐもぐ……

どちらも「等脚類」
ダンゴムシ 1cm

最大で体長50cmほどになるが、ダンゴムシやフナムシのなかまで、等脚類と呼ばれる。海底にすみ、いきものの死体を食べることから、深海の掃除屋という異名がある。

水族館のなかまクイズ

Q ダイオウグソクムシの「グソク」ってどういう意味?
① 愚かな息子　② 変な足　③ 武具

☞ 答えは次のページ

©NOAA

89

アメリカカブトガニ
カブトガニ科
節足動物

わたし、ご先祖さまと似てるんですって

2億年ものあいだ 同じ姿の「生きた化石」

全長 約70cm（メス）
大きさくらべ

生息地
北アメリカ大陸の東海岸

前のページの答え
答えは③　漢字で書くと「具足」。現在は甲冑全般のことを指す。

画像提供／すみさ町立エビとカニの水族館

🐟 カニではなく、クモに近い

節足動物のなかまで、かたい殻でおおわれているが、甲殻類ではなくクモのなかまに近い。体はメスのほうが大きい。カブトガニのなかまは、化石で発見されたものと今生きている種で形の変化がほとんどないため、生きた化石といわれる。

裏返しになっても自分で起きるよ〜

ぼくは大人になれるのかなぁ

画像提供／すみさ町立エビとカニの水族館

🐟 医療のために採血されている

アメリカカブトガニの血は、エンドトキシンという細菌を見つけるためなどに用いられる。また、幼生がほかの魚のエサとして捕獲されるため、個体数が減少している。ちなみに日本で生息するカブトガニは絶滅危惧種になっている。

画像提供／すみさ町立エビとカニの水族館

水族館のなかまクイズ

Q カブトガニのとがった尾は、なんのために使う？
① 敵を攻撃する　② 電波を受信する
③ 動く方向の舵を取る

☞ 答えは次のページ

刺胞動物
ハナギンチャク科
ムラサキハナギンチャク

お花みたいで
きれいでしょ？

美しい花のような触手をなびかせる

©ひなた

大きさくらべ
体高 約20cm

生息地
秋田県、千葉県〜九州西岸

前のページの答え
答えは③　裏返しから起き上がるときにも使われる。

🐟 あざやかな色から人気の種

上側にある口盤の周りに、糸状の触手をもつ。色が美しく、水族館で飼育されていることが多い。暗い紫色をはじめ、黄土色や緑色などさまざまな色のパターンをもつ。毒をもつが、それほど強力ではない。

美しさって罪ね……

©RYO SATO

🐟 管の形のすみかをつくる

一見イソギンチャクに似ているが、イソギンチャク科ではなくハナギンチャク科。粘液と砂や泥を混ぜてつくった管を砂地に埋め、そのなかにすむ性質や、内外にちがう形の触手をもつことなどがイソギンチャク科とは異なっている。

水族館のなかまクイズ

Q ハナギンチャクやイソギンチャクにないものは、次のうちどれ？
① やる気　② 腸　③ 肛門

☞ 答えは次のページ

ヒメハナギンチャク　©taitetsu

93

ひとくちメモ
標本でめずらしい いきものと対面する

水槽ではなかなか見られない、いきものの姿に注目してみよう。

長期間の飼育が困難ないきものを、水槽で展示し続けるのは難しい。ましてやその種が絶滅しているなら、展示は不可能になる。

しかし、標本や模型であれば、そんないきものをじっくり眺めることができる。また、シャチやクジラなど、おなじみのいきものの骨格などが展示されることも少なくない。おもしろい標本がないか、探してみよう。

動かない体を見つめながら、いきものたちが元気に水中を泳いでいた頃のくらしに思いをめぐらせてみる。これも、りっぱな水族館の楽しみ方のひとつだ。

画像提供／京都水族館
ダイオウイカの乾燥標本（現在は展示されていない）。

画像提供／沼津港深海水族館
沼津港深海水族館でしか見られないシーラカンスの冷凍個体。

画像提供／名古屋港水族館
シャチの全身骨格レプリカ。

歯並びいいだろー！

前のページの答え
答えは③　消化したものは肛門ではなく口から出す。クラゲなども同じしくみ。

4章 岩礁の いきものたち

イシダイ科 イシダイ

魚類

輪くぐりも玉転がしもお任せあれ！

エサをくれるなら、もっと遊びたいな～

画像提供 鶴岡市立加茂水族館

大きさくらべ
全長 約50cm

生息地
日本各地の沿岸、朝鮮半島～南シナ海

🐟 イシ「ダイ」だけど「タイ」じゃない？

じつは日本近海にいるとされるタイ科は13種類だけ。イシダイはタイ科ではなく、イシダイ科。タイ科ではないがタイがつく魚は「あやかりダイ」と呼ばれることもある。

🐟 かしこくて好奇心おう盛！

背中からお腹にかけて7本の黒いシマ模様、くちばしのような形をした口、かたい歯などが特徴で、若いうちはシマダイとも呼ばれる。知能が高く好奇心おう盛なので、教えることで輪くぐりや計算、玉転がしなどのパフォーマンスを行なうことができる。

あらよっと！

画像提供／サンピアザ水族館

水族館のなかまクイズ

Q 縁起がよいとされる、タイに似た形の骨。正しい名前は次のうちどれ？
① タイのなか　② タイのタイ
③ ドッペルゲンガー

多くの魚が胸ビレの付け根にもっている。

☞ 答えは次のページ

97

赤ちゃん 成長するにつれて模様が変わる

子どもの頃はくっきり！

成長したオスはクチグロとも呼ばれるよ

口が黒くなるのはオスだけ

初夏の頃、岸辺で日没近くに直径約0.9mmの卵を産む。ふ化した稚魚は海藻の下に集まってくらす。全長4〜5cmになると模様がはっきり出るようになり、数匹で海岸近くを泳ぐ。成長すると模様が見えにくくなり、オスは口のあたりが黒く変化する。

食事

貝類もカニもかみくだく！

稚魚の頃は浮かんでいる甲殻類や、コケムシ、海藻などを食べて育つ。全長15cmくらいになると、かたい歯でサザエやカニなどをかみくだいて食べるようになる。

見た目以上に強いアゴ

歯はすっごくじょうぶなんだ〜！

前のページの答え
答えは② とくにマダイのこの部分はおめでたいものとされている。

タイ科と「あやかりダイ」のなかま

とっても縁起がいい、本家・タイ！
マダイ
- ◆ タイ科
- ◆ 全長　約1m
- ◆ 生息地　日本各地の沿岸、朝鮮半島～南シナ海

背中側に青い斑点があり、尾ビレのふちが黒い。一般的にタイといえばこの種のこと。

©NOBU／PIXTA(ピクスタ)

大きくなると、オスからメスに性転換！
クロダイ
- ◆ タイ科
- ◆ 全長　約50cm
- ◆ 生息地　琉球列島をのぞく日本各地の沿岸

釣りの対象として人気が高い。25cmくらいに成長すると、メスに性転換する。

© skipinof／PIXTA(ピクスタ)

じつはタイとは赤の他人
キンメダイ
- ◆ キンメダイ科
- ◆ 全長　約50cm
- ◆ 生息地　北海道以南の太平洋、インド洋、大西洋、地中海

名前のとおり金色の大きい目をもつ。おいしい魚としても有名。海底の岩礁にすんでいる。

画像提供／京都水族館

ひげもじゃ魚も、タイじゃない！
ヒゲダイ
- ◆ イサキ科
- ◆ 全長　約40cm
- ◆ 生息地　南日本沿岸

砂泥底にすみ、エサは小魚や甲殻類など。あごに細かいひげのような突起がある。タイではなく、イサキのなかま。

ハタ科　サクラダイ

ちょっと縁起がよさそうだよね！

まるで海のなかに咲く桜？

© HIDE / PIXTA(ピクスタ)

全長 約18cm　大きさくらべ

生息地
南日本、小笠原諸島、台湾

画像提供：新江ノ島水族館

🐟 産卵でメスからオスに性転換

一筋だけ長い背ビレに加え、オスはあざやかな紅色と光沢のある白い斑をもつ。メスは赤黄色で、背ビレに黒褐色の斑が一つある。もともとはすべてメスだが、成長するとオスに性転換する。

🐟 タイとは無関係……ではない？

サクラダイは「あやかりダイ」の一種で、タイ科とは直接関係がない。しかし、春に産卵のため浅瀬にやってくるマダイを「桜鯛」と呼ぶことがあるため、まぎらわしい。ちなみに、種としてのサクラダイも食用とされている。

 水族館のなかまクイズ

Q サクラダイの別名は次のうちどれ？

① ウミキンギョ　② アカザクラ
③ デメキン

© 小川奈峰／PIXTA(ピクスタ)

☞ 答えは次のページ　　101

ホンソメワケベラ
ベラ科
魚類

> おそうじは おまかせあれ！

> 口の中まで きれいにするよ！

頼れるそうじ屋さん

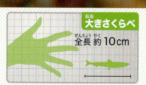

大きさくらべ
全長 約10cm

生息地
インド洋、太平洋の西側沿岸

前のページの答え
答えは① ちなみに本来のキンギョは海に生息していない。

うっかりまちがった名前になってしまった

近い種のソメワケベラとくらべて体がほっそりしているから「ホソ」ソメワケベラとなるはずが、いつのまにか「ホン」ソメワケベラになってしまったらしい。

海では一目置かれている

ほかの魚類の体やエラをついばみ、寄生虫を食べる。こういった行動をする魚をクリーニングフィッシュ、またはクリーナーと呼ぶ。周辺の肉食魚もおそってこないので、見た目をまねしている魚もいる。

ホンソメワケベラとよく似ているニセクロスジギンポ

しめしめ……だれも気づいてないな！

© F360 / PIXTA(ピクスタ)

水族館のなかまクイズ

Q ホンソメワケベラにそうじされている魚が、そうじを終えてほしいときに出す合図は次のうちどれ？

① げっぷを出す　② 口を開閉させる
③ ほかの魚を食べ始める　☞ 答えは次のページ

赤ちゃん

© LBM／PIXTA(ピクスタ)

親も子どもも働きもの！

ちっちゃくても、ちゃんとおそうじできるもん！

幼魚は体に黒い部分が多い

成長とともに体色が変化するが、幼魚も成魚と同じようにクリーニングを行なう。また、一匹のオスと数匹のメスで群れを作り、オスがいなくなると一番強いメスがオスになる。

食事

きれいになるまで、じっとしててね〜♪

ボランティアでそうじをしているわけではない

画像提供／名古屋港水族館

おたがいに得をする関係

寄生虫や体の古い組織、大きな魚の食べかすなどを食べるためにクリーニングを行なうので、大きな魚とは共生関係。そうじをしてほしい魚は口を開けてじっとしているので、危害を加えることはない。

前のページの答え
答えは②　なかにいる魚へ伝わるように体を震わせることもある。

ベラ科のなかま

画像提供／鶴岡市立加茂水族館

合計9本の線がある
キュウセン

- ベラ科
- 全長　約30cm
- 生息地　北日本、南日本、朝鮮半島～南シナ海

メスはアカベラ、オスはアオベラと呼ばれ、最終的にはすべてオスへ性転換する。

画像提供／新江ノ島水族館

色とりどりの錦模様
ニシキベラ

- ベラ科
- 全長　約20cm
- 生息地　青森県以南、朝鮮半島～台湾

キュウセンとはちがって、オスとメスは同じ体色をしている。水温が下がると砂にもぐって休む。

©F360

黄と青のコントラストがきれい
ヤマブキベラ

- ベラ科
- 全長　約20cm
- 生息地　房総半島以南、インド洋～中部太平洋

オス（写真）の頭部に独特な模様があり、胸ビレが青い。メスは全体が山吹色をしている。

©Trischa

メガネ？ それとも帽子？
メガネモチノウオ

- ベラ科
- 全長　約1.5m
- 生息地　紀伊半島以南、インド洋～中部太平洋

ベラ科最大の種。額の部分がナポレオンの帽子に似ているため、別名はナポレオンフィッシュ。

105

棘皮動物 イトマキヒトデ
イトマキヒトデ科

カラフルな体は星のよう

光ったりはしないけどね！

画像提供／鶴岡市立加茂水族館

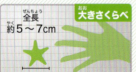

大きさくらべ
全長 約5〜7cm

生息地
日本各地の浅瀬、千島列島南部

裏面はオレンジ色！

🐟 腕の裏に脚がいっぱい！

日本各地の沿岸によくいるヒトデ。五角形の分厚い体と、青い色に赤い斑点が基本形。5本の腕をもつものが多いが、例外もある。腹側から見た腕には「管足」という足がたくさん生えていて、管足の先っぽにある吸盤で張りついたり体を動かしたりする。

🐟 ヒトデあるところにシダムシあり？

ヒトデの体内にのみ寄生する甲殻類、シダムシ。見た目はそう見えないが、エビやカニのなかまになる。種によって宿主とするヒトデが決まっているともいわれている。まだ不明なことも多く、これから研究が進んでいくはずだ。

ここ、オレの家だったのに〜！！

画像提供：鳥羽水族館

死んだユミヘリゴカクヒトデの体内に寄生していたシダムシ（赤いもの）

水族館のなかまクイズ

Q ヒトデを漢字で書くとき、正しい表記は次のうちどれ？

① 海王星　② 海星　③ 水星

☞ 答えは次のページ

キヒトデ

©Lycoo

107

🍴 食事

のんびり屋に見えて肉食系

🐟 胃袋でエサを包みこむ

エサは二枚貝や小さな甲殻類などで、ウニや魚をおそうこともある。管足はエモノを捕まえたり、二枚貝の殻を開けるときにも使う。腹側の真んなかにある口から胃袋を裏返して押し出し、エサを包みこんで消化する。

⚔ 武器

🐟 毒をたくわえて身を守る

どんなヒトデでも体内にサポニンという毒成分を蓄えており、外敵におそわれないようにしている。イトマキヒトデはほかのヒトデに比べるとこのサポニンを多くもっている。

ボクを食べたらダメだよ

画像提供／鶴岡市立加茂水族館

毒があるのでしびれてしまう

前のページの答え
答えは② 人手、海盤車とも書く。

108

ヒトデのなかま

©Daiju Azuma

鬼のようにはげしい毒
オニヒトデ

- ◆ オニヒトデ科
- ◆ 全長 約30cm
- ◆ 生息地 奄美諸島、沖縄諸島

13〜16本の腕をもち、全身に猛毒のトゲがある。サンゴを食いあらし、サンゴ礁を破壊する。

©Masayuki Igawa

ぷっくりおまんじゅうみたい
マンジュウヒトデ

- ◆ コブヒトデ科
- ◆ 全長 約20cm
- ◆ 生息地 奄美諸島より南、インド洋、西太平洋

背中が丸くふくらんでいて、短い腕が付いている。体色はさまざま。別名ウミバコとも。

スレンダーな美人ヒトデ
アカヒトデ

- ◆ ホウキボシ科
- ◆ 全長 約15cm
- ◆ 生息地 本州中部より南〜東南アジア

全身が美しい朱色で、腕は丸みを帯びて細い。トゲがなく、つるつるしている。

© rasinona / PIXTA(ピクスタ)

どんどんコブが増えていく
コブヒトデ

- ◆ コブヒトデ科
- ◆ 全長 約40cm
- ◆ 生息地 奄美諸島より南、インド洋、西太平洋

太い腕をもち、背中に大きなコブのような突起がたくさんある。成長するとコブが増える。

109

ウツボ科
ウツボ

みんな
僕たちのこと
怖いっていう……

意外と
おとなしい？

海のギャング

大きさくらべ
全長 120cm

生息地
本州中部より南〜フィリピン

🐟 タコを好んで捕食する

ウツボ科のなかで、最も普通に見られる種。また、「ウツボ」はウツボ科の総称を指す言葉でもあり、日本近海には約40種がすんでいる。細長く、ウロコをもたない体が特徴。タコの天敵で、タコを見つけるとするどい歯を使って捕食する。

人間はおいしくないからなぁ

🐟 顔のわりにナイーブ

悪そうな顔をしているが、じつはおくびょう。ふだんは岩陰やサンゴのすき間で静かにくらし、敵がやってくると口を開けて威嚇する。逃げ場がないときは人間にもかみついてくることがあるので、むやみに岩の間などに手を入れてはいけない。

水族館のなかまクイズ

Q ウツボがもっていないものは、次のうちどれ？
① 愛想　② 舌　③ 尻ビレ

☞ 答えは次のページ

©RYO SATO

111

共生関係の魚

メリットになる相手は食べない

ウツボも、ホンソメワケベラにそうじをしてもらうことがしばしばある。歯に残ったエサのかすや、体についた寄生虫を食べてもらうのだ。ホンソメワケベラには、ウツボのそばにいると外敵におそわれにくいというメリットがある。

ホンソメワケベラとは仲良し？

ドクウツボとホンソメワケベラ

©Yossy/ PIXTA（ピクスタ）

武器

き、来たらかむぞ！がぶっ！

するどい歯が深く刺さる

画像提供／新江ノ島水族館

かまれたときは病院へ

ウツボの歯はするどく、口の奥側に向かって生えている。かまれてしまうと、深い傷を負う。また、毒はないものの傷口をぬわなければならない場合もあるので注意しよう。

112　前のページの答え
答えは②　舌がないのも特徴の一つ。ちなみに腹ビレと胸ビレもない。

ウツボのなかま

毒があるのかドキドキ
ニセゴイシウツボ

- ウツボ科
- 全長　約1.8m
- 生息地　和歌山県以南、暖かい海のサンゴ礁域

成長すると黒い斑が小さくなる。肉がおいしいといわれるが、環境によっては毒をもつことがある。

するどい歯がいつも見える
トラウツボ

- ウツボ科
- 全長　約90cm
- 生息地　本州中部より南、インド洋、太平洋

暗い体色にトラのような白い模様をもつ。鼻孔は長い。口を閉じている状態でも歯が見えている。

凶悪な顔と体色
ドクウツボ

- ウツボ科
- 全長　約2m
- 生息地　琉球列島、インド洋、太平洋

怖い顔と名前だが、毒は歯から出すのではなく筋肉や内臓に備わっている。

大量のコケとまちがえそう
コケウツボ

- ウツボ科
- 全長　約90cm
- 生息地　本州中部より南の太平洋沿岸

不規則な模様がコケのように見えるので、この名前がついた。口を閉じていても、歯が見えている。

チョウチョウウオ科 チョウチョウウオ

魚類

ナノハナも
サクラも
興味ないけどね〜

ひらひら
海中を飛ぶ
ちょうちょ

© YNS / PIXTA(ピクスタ)

全長 約20cm

大きさくらべ

生息地

関東地方以南、琉球列島、朝鮮半島南岸〜南シナ海

きれいな色だから、見とれちゃうでしょ？

こちらの写真はハシナガチョウチョウウオ

世界中でチョウ(蝶)の魚と呼ばれている

名前の由来は「チョウの形に似ているから」「チョウのようにひらひら泳ぐから」と諸説あるが、国外でもチョウを意味する言葉が名前につけられていることが多い。また本種は、この科の総称を指す「チョウチョウウオ」と区別するために「並チョウ」と呼ばれることもある。

幼魚
成魚

🐟 子どもと大人で骨格がちがう

サンゴが付着した岩礁でよく見られる種で、やわらかいサンゴ、藻類、小動物などを食べる。幼魚では頭の骨が大きく発達しているのが特徴。背ビレに黒い斑があるのも幼魚のときだけ。

水族館のなかまクイズ

Q チョウチョウウオにはかつてさまざまな呼び名があった。実際にあったのはどれ？

① ヤマブシ　② コブシ　③ マブシ

☞ 答えは次のページ

画像提供／鶴岡市立加茂水族館

115

魚類 ゴンズイ科 ゴンズイ

オレを捕まえようとしたら……刺すからな!

こっそり用意された毒のトゲにご用心

© LBM / PIXTA(ピクスタ)

全長 約20cm — 大きさくらべ

生息地 能登半島、千葉県〜九州南部・西部、琉球列島

前のページの答え
答えは③　まぶしいほど美しい、という意味。高知で使われていた呼び名。

ヒレに毒をもつナマズ

浅い岩場に生息する、ナマズのなかま。8本の口ひげをもつ。海で釣れることもあるが、背ビレと胸ビレにするどい毒のトゲをもっており、刺されるとはげしい痛みを感じる。アナフィラキシー体質の場合、死の危険もあるので注意したい。

> こっちだって身を守るために必死なんだよ〜

幼魚は集まって過ごす

1匹の親が数百個ほどの卵を産む。幼いうちは集まって昼間に泳ぐ習性があり、ゴンズイ玉と呼ばれている。成魚になると、日中は岩の陰に集まり、夜はばらばらに行動する。胸ビレのつけ根と肩の骨をこすり合わせ、独特の音を出す。

水族館のなかまクイズ

Q ゴンズイに刺されたときは、どうしたらいいといわれている？
① 毒のない部分を食べる　② 冷たいお酒にひたす
③ 50℃ぐらいのお湯にひたす

☞ 答えは次のページ

ツノダシ科 ツノダシ

魚類

> 正直、角よりヒレにこだわってるのよね

黄黒白ボーダー柄のおしゃれさん

© Skylight / PIXTA(ピクスタ)

全長 約20cm 大きさくらべ

生息地 千葉県以南、琉球列島

前のページの答え
答えは③ 傷口を消毒してお湯につけると、痛みがやわらぐ。症状が重いときは病院へ。

魚類にも縦ジマと横ジマがある

シマ模様の方向は頭と尾をつないだ体軸が基準になる。つまり、頭を上にした状態で考える。ツノダシは横ジマで、ボーダー模様の魚ということ。シマ模様は目立つので、仲間同士の確認がしやすいともいわれている。

小さいけどツノがある

平たい体とつき出した口に、途中から長く伸びた背ビレをもつ。そして、目の上には小さいツノのような突起がある。形が変わっているのと、体色があざやかなことから観賞魚としてポピュラーな種。しかし、海での詳しい生態はまだ分かっていない。

群れることもあるよ〜

©あらP / PIXTA(ピクスタ)

水族館のなかまクイズ

Q 色や形が似ているハタタテダイとツノダシをすぐ見分けるコツは、次のうちどれ？

① 尾の色　② 存在感　③ 口の大きさ

答えは次のページ

ハタタテダイ

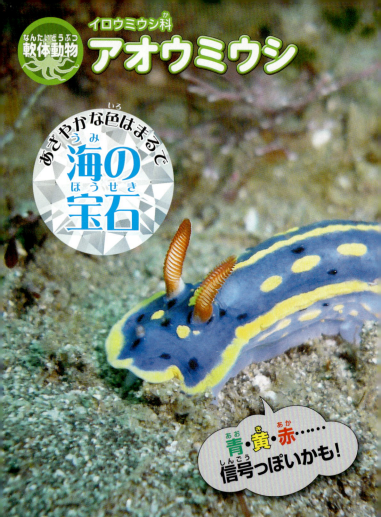

アオウミウシ

イロウミウシ科

軟体動物

あざやかな色はまるで **海の宝石**

青・黄・赤……信号っぽいかも！

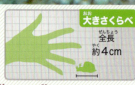

大きさくらべ
全長 約4cm

生息地
世界中の温暖な海、日本全域

前のページの答え
答えは① ツノダシは尾が黒く、ハタタテダイは白い。

潮だまりにいることが多い

ウミウシのなかまは日本各地の潮だまりで見つけられる。「海の宝石」とも呼ばれるほど、あざやかな体の色をもつ種が多い。見た目からナメクジのなかま、と思いきや、巻貝のなかま。

どこにいるか、見つけてごらん〜！

ウミウシがいるのはこんな場所。海藻をかきわけて、岩の壁面をジッと見てみよう。（写真は葉山芝崎海岸）

写真提供／熊谷香菜子

食べるな！体色で危険をアピール

ハデな色は毒をもつ生物の共通点
サガミリュウグウウミウシ
ソウシハギ
ヤクドクガエル etc…

多くのウミウシは毒をもつイソギンチャクやカイメンなどを食べる。ウミウシたちはこの毒をためこみ、自分の体をまずくして敵に食べられないようにしている。あざやかな体の色は「毒をもっている」という信号となっている。

水族館のなかまクイズ

ウミウシにはいろいろなものを食べる種がある。このうち、実際に食べるのはどれ？
① 自分のフン ② 砂と小石
③ なかまのウミウシ

☞ 答えは次のページ

イシガキリュウグウウミウシ

ウミウシの繁殖

子どもをつくるときは片側通行！

クロスジリュウグウウミウシの交尾

オスを探してたら日が暮れちゃうもんね〜

🐟 同種のウミウシを探す

ウミウシにはオスとメスの区別がなく、同じ種類のウミウシならだれとでも子孫を残すことができる。多くのウミウシの生殖器は体の右側に付いているので、おたがいが左側を進んで精子を交換する。

体の秘密

🐟 おしりで息を吸っている？

背中の後ろのほうにある、花びらのようなものはエラの役割をもっている。そして、その中心の穴は、じつは肛門。つまり、エラの中心からフンが出てくることになる。ほとんどのウミウシは、このような体のつくりをしている。

©YU-JI/PIXTA(ピクスタ)

す〜は〜……
呼吸には問題ないよ！

前のページの答え
答えは③　イシガキリュウグウウミウシは、同じウミウシのなかましか食べない。

ウミウシのなかま

©kei

かまずにエサを食べちゃう
マダラウミウシ

- クロシタナシウミウシ科
- 全長　約7cm
- 生息地　房総半島より南の西太平洋

本種などのクロシタナシウミウシのなかまは歯舌という器官をもたず、エサを吸い込んで食べる。

©RYO SATO

個性豊かなつぶつぶボディ
ミヤコウミウシ

- クロシタナシウミウシ科
- 全長　約10cm
- 生息地　本州中部

体がやわらかく、背面にたくさんの突起がある。突起の数や色は、個体によってちがう。

画像提供／鳥羽水族館

まるで美しく飾られた電車
ハナデンシャ

- フジタウミウシ科
- 全長　約15cm
- 生息地　房総半島より南、太平洋、インド洋

3色の斑をもっていて、刺激があると青白く発光する粘液を出すので「花電車」という名がついた。

©Sylke Rohrlach

ぷかぷか浮かんで移動する
アオミノウミウシ

- アオミノウミウシ科
- 全長　約3cm
- 生息地　世界の温帯・熱帯

ウミウシのなかまではめずらしく、水面付近でくらす。毒があるクラゲの刺胞を体内にとり込み、武器にする。

123

軟体動物
アメフラシ科
アメフラシ

そっとしといてほしい……

得意技は煙幕！ でっぷりボディのベジタリアン

大きさくらべ 全長 約40cm

生息地 本州以南の日本各地、台湾、朝鮮半島、中国の沿岸

煙幕で敵をひるませる

アメフラシ科の体には紫色や白色の汁を出す腺があることが多く、刺激を与えると煙幕のように放出する。見た目は派手だが毒はなく、敵に不快感を与えるためだと考えられている。藻食性で、おもに緑藻を好んで食べる。

©Genny Anderson

ジャンボアメフラシ

アメフラシの卵

そうめんより、ラーメンに親近感あるよね〜

命をかけて麺をつくる!?

巻き貝のなかまで、体内には退化した殻をもつ。ウミウシの一種でもある。寿命は1年程度といわれ、雌雄同体。海岸線付近にひものような卵のかたまりを生む。卵はまるで麺のような見た目から「海ぞうめん」と呼ばれるが、同じ名前で呼ばれる海藻とは別のもの。

画像提供／新江ノ島水族館

水族館のなかまクイズ

Q アメフラシの英名「sea hare」は日本語でどういう意味？
① 海の神様　② 海のウサギ　③ ここは海

☞ 答えは次のページ

125

ひとくちメモ
水槽には
くふうがいっぱい

いつでもきれいに展示されている水槽。その裏側を見てみよう。

　水族館の水槽の裏側には、太いパイプが並んでいる。そのパイプの正体は、水槽の水からいきもののフンや食べかすを取りのぞくためのろ過装置だ。とくに周りに海がない水族館は、船やトラックで運んできた沖合のきれいな海水を、ろ過装置できれいにし、くり返して使っている。

　また、いきものに合わせた環境づくりやディスプレイは大切だが、見た目のためにサンゴや海藻を大量にもってくることはできない。そこで、本物そっくりのレプリカを使うのが一般的。美しい水槽をいつでも楽しめるのは、たくさんの努力の結果というわけだね。

画像提供／名古屋港水族館
サンゴ礁のいきものを展示する水槽。サンゴ自体の展示をする場合は本物を使う。

画像提供／おたる水族館
水槽を照らす照明や、内部の環境を維持するためのチューブなどがある。

深海を再現して、暗くしてもらってるんだ～

画像提供／沼津港深海水族館
ダイオウグソクムシ

前のページの答え
答えは②　頭部の突起を耳に見立てている。中 国語でも海兎と書く。

126

5章 サンゴ礁・熱帯のいきものたち

魚類 スズメダイ科
カクレクマノミ

触手のなかから派手な頭が **ひょっこり**

ちょっと、くすぐったいよ♪

大きさくらべ
全長 約8cm

生息地
琉球列島、東インド洋〜西太平洋

🐟 毒があってもすめば都

クマノミのなかまはイソギンチャクの触手にかくれてくらす（共生する）ことで有名。イソギンチャクは毒をもっているが、クマノミたちは特別な粘液で守られているためこの毒が効かない。身をかくすのに最適なすまいになっている。

🐟 カクレクマノミは引きこもり!?

クマノミのなかまのなかでも、カクレクマノミはイソギンチャクといっしょにいることが多い。飼育下ではハタゴイソギンチャクとセンジュイソギンチャクととくに相性がよく、ほかにはサンゴイソギンチャク、シライトイソギンチャクなどと共生することもある。

> はやくおうちに帰ろうよ……

© Metatron

水族館のなかまクイズ

Q クマノミとくらすことでイソギンチャク側にはどんなメリットがある？

① かわいい　② 絡まったときに直してくれる
③ 生活が楽になる　　☞ 答えは次のページ

ハタゴイソギンチャク
©kyohei ito

赤ちゃん

🐟 いい家は早い者勝ち！

広くて日当たりのいいところがいいな♪

生まれる前からイソギンチャクといっしょ

画像提供／鴨川シーワールド

クマノミのなかまは卵にもイソギンチャクの毒が効かない。だが、ふ化してすぐの稚魚の体は透明で、毒への備えもできていないため、海面をただよって育つ。ふ化して10日ほどで大人と同じような体型になり、その頃からイソギンチャクに入るようになる。

クマノミの夫婦

🐟 オスからメスに変わる

クマノミのなかまがグループをつくるとき、大きな2匹がペアになり、より大きなほうがメスになる。メスが死ぬと、そのメスとペアを組んでいたオスがメスになる。そして、その次に大きな個体（オス）とペアになる。

ようやく女の子になれたの！

将来の夢はメスになること

©mitch23 / PIXTA(ピクスタ)
卵を守るカクレクマノミのペア

前のページの答え
答えは③ 敵を追いはらったり、イソギンチャクのエサをもってきてくれる。

クマノミのなかま

©Hadal`commonswiki

単なる「クマノミ」という名前
クマノミ
- ◆ スズメダイ科
- ◆ 全長 約15cm
- ◆ 生息地 千葉県以南、インド洋〜中部太平洋

生息域によって見た目がちがう。日本で見られるクマノミの中ではポピュラー。

画像提供／京都水族館

キュートなわりに性格はクール
ハナビラクマノミ
- ◆ スズメダイ科
- ◆ 全長 約9cm
- ◆ 生息地 紀伊半島、屋久島以南、東インド洋〜西太平洋

日本で見られるクマノミとしては比較的珍しい。クマノミのなかまとしては、なわばり意識が弱い。

画像提供／京都水族館

歓迎なんてしてないから！
ハマクマノミ
- ◆ スズメダイ科
- ◆ 全長 約12cm
- ◆ 生息地 紀伊半島以南、南シナ海、インドネシア

自然下ではダイバーに近づいてくるが、人になれているのではなく、なわばりを守ろうとしているため。

画像提供／京都水族館

肉体派のマッチョクマノミ
トウアカクマノミ
- ◆ スズメダイ科
- ◆ 全長 約13cm
- ◆ 生息地 沖縄以南、西太平洋

日本で見られるクマノミでは最も珍しい。クマノミのなかまとしては分厚く強固な体をしている。

スズメダイ科
デバスズメダイ

青や緑にきらめく南国の海の象徴!

🐟 海にすむ熱帯魚のなかでは トップクラスの飼いやすさ

一般的にスズメダイのなかまは「性格がきつい」とされているが、デバスズメダイはとっても穏やかで、ほかの魚とモメることがあまりない。たくさん飼育するとみんなで群れをつくり、水槽が華やかになるのも魅力。比較的安価で飼育初心者にもおすすめ。

大きさくらべ
全長 約7cm

生息地
高知県以南、インド洋〜中部太平洋

サンゴの周りに群れでくらす

光が当たると青や緑に輝く美しい魚。サンゴの周りで、数十〜数百匹の群れをつくってくらしている。おくびょうな性格のため、危険を感じるといっせいにサンゴの陰に逃げ込む。なお、「デバ」の由来は、下あごの歯が前に突き出ていること。

©Adrian Pingstone

デバって失礼しちゃう……

みんな逃げろー！

画像提供／カイトマリンスポーツ

水族館のなかまクイズ

Q よく似た姿のアオバスズメダイ、見分け方のポイントは？
①胸ビレの色　②目つき
③見分けるのは無理

©F360 / PIXTA（ピクスタ）

☞ 答えは次のページ

アオバスズメダイ

133

チンアナゴ
アナゴ科 魚類

11月11日はチンアナゴの日

画像提供／京都水族館

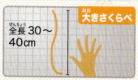

大きさくらべ
全長 30〜40cm

生息地
南日本、琉球列島

前のページの答え
答えは① アオバスズメダイの胸ビレのつけ根は黒い。

134

🐟 エサがくるのを みんなで待つ

砂から半身を出してエサのプランクトンを食べる姿がとってもユニーク。エサは海流に乗ってやってくるのでみんな同じ方を向く。数字の1に似た姿にちなみ、(社)日本記念日協会から11月11日がチンアナゴの日に認定されている。

画像提供／京都水族館

画像提供／京都水族館

🐟 泳げないわけではない

めったに砂から出ないチンアナゴだが、泳げないわけではない。顔の近くの黒い部分にエラの穴があいている。敵が近づいてきたりして砂に潜るときは、しっぽから潜っていく。

水族館のなかまクイズ

Q チンアナゴの「チン」って何？
① 珍妙のチン　② イヌの狆に似ているから
③ レンジでチンするとおいしい

画像提供／京都水族館

☞ 答えは次のページ

アカヒメジ

魚類 ヒメジ科

どこにゴハンが
かくれてると思う？

特別なヒゲで、かくれたエモノも逃がさない！

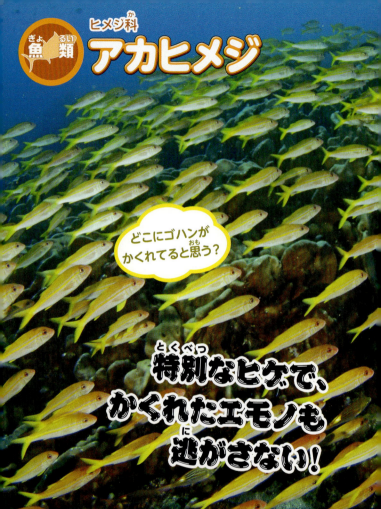
©tamon

全長30cm
大きさくらべ

生息地
房総半島以南
インド洋、太平洋の西側沿岸

前のページの答え
答えは② 顔立ちが似ていることから名づけられたとされている。

画像提供 名古屋港水族館

ちょっと味見……

あっちかな〜

ぼくらは
夜行性なんだよ！

🐟 ヒゲで食べものを探す

ヒゲには味覚や触覚を感じる器官があり、夜になると海底の砂や岩場で甲殻類やゴカイ類などを探して食べる。ヒメジ科の多くは砂地にすむが、この種はサンゴ礁のある海で、群れをつくって泳ぐ。

キヒメジじゃなくて、アカヒメジ！

黄色みも強く見えるアカヒメジだが、夜になって活発に泳いでいるとき、興奮しているとき、もしくは死んだときに体色が赤くなる。

© あらP / PIXTA

水族館のなかまクイズ

Q ヒメジ科のなかまにいる魚の名前は次のうちどれ？

①オトウサン　②オジサン　③オバサン

☞ 答えは次のページ

© westfish / PIXTA

ぼくのことだよ！

魚類 ハタ科 キハッソク

> お、おいしくないからな!?

食べるな危険！
毒の粘液で身を守る

©Skylight / PIXTA（ピクスタ）

大きさくらべ 全長 約25cm

生息地 南日本〜太平洋西部、インド洋

前のページの答え
答えは② 通称ではなく、正式な名前。下アゴに長いヒゲをもっている。

石けんがわりにはならないぞ

ハタ科のヌノサラシ

©LBM / PIXTA

ぶくぶく泡立つ毒を出す

ハタ科のなかには、以前はヌノサラシ科とされていたグループがあり、キハッソクはここに属する。このなかまは、危険がせまると有毒で泡立つ粘液を出す。

名前の由来は色じゃなかった！

漢字で書くと「木八束」。これは木を八束使うまで煮ないとおいしくならないことが由来になっている。実際には、おいしいという人もまずいという人もおり、賛否両論のようだ。

水族館のなかまクイズ

キハッソクの体がよく目立つ配色なのは、どんな意味がある？
① おしゃれさん　② 警告をしている
③ ケンカを売っている　　☞ 答えは次のページ

©LBM / PIXTA

139

ウメイロモドキ

タカサゴ科

魚類

この青ビレの色が おしゃれでしょ？

黄緑と青の鮮やかな昼の顔
夜は……

©feathercollector / PIXTA（ピクスタ）

全長 約35cm

大きさくらべ

生息地

三浦半島以南、インド洋～中部太平洋

前のページの答え
答えは② 危険性をアピールして、敵におそわれないようにしている。

140

🐟 くすんだ目立たない色味に変化

ウメイロモドキは鮮やかな黄緑と青の体をしている。でも、それは昼の顔。この魚は夜になって岩陰に入って休むとき、お腹側から赤みがかった紫色になり、くすんだ色味に変わる。食べられにくくするためといわれる。

こんな色だけど おいしい！

きれいな色をしているが、沖縄ではウメイロモドキは一般的に食べられる魚。タカサゴのなかまはグルクンと呼ばれ、ふつうにスーパーなどにも並び、唐揚げなどが人気。沖縄ではグルクンが県の魚とされている。

 水族館のなかまクイズ

Q ウメイロモドキの名前にあるウメイロの意味は？
①ウメの木に止まったウグイスの色
②ウメの実の色 ③変な色なのにウメェ

ウメイロ　©44 / PIXTA(ピクスタ)

➡ 答えは次のページ　141

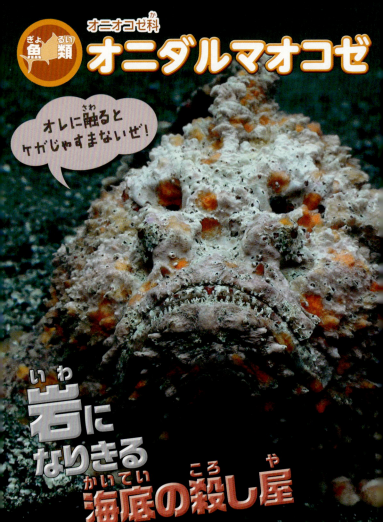

オニダルマオコゼ
オニオコゼ科

「オレに触るとケガじゃすまないぜ！」

岩になりきる海底の殺し屋

大きさくらべ
全長 約40cm

生息地
八丈島以南太平洋側、インド洋〜西太平洋、紅海

前のページの答え
答えは② 背ビレの色がウメの実に似ていることから。

私は岩、私は岩、私は岩……

いかつい体は擬態のため

オニダルマオコゼは岩そっくりの質感をしており、じっと待ち構えてエサをとる。その姿は人間の目にも簡単には見分けることができない。そのため、気づかずに踏んで毒にやられるという事故がよく起こる。

触れると最悪死亡することも

カサゴやオコゼのなかまの多くは、ヒレに毒をもっている。とくにオニダルマオコゼの毒は強力。刺されると、はげしい痛みや麻痺に襲われ、最悪の場合は呼吸ができなくなって命に関わる。

水族館のなかまクイズ

Q 凶悪なオニダルマオコゼの意外な弱点とは？

① 奥さん　② まちがって岩に求愛する
③ 泳ぎがへた

答えは次のページ

143

ミドリイシのなかま
ミドリイシ科
刺胞動物

ぼくらは みんなでひとつ！

茶色 ムラサキ 青 など、
種類によって色がちがうよ

全長 約?cm
大きさくらべ

生息地
四国、九州南部、
西太平洋～インド洋

前のページの答え
答えは③ 外敵に襲われると逃げられないので毒が役にたつ。

🐟 小さな生き物の集まり

ミドリイシは植物のようにも見えるが、サンゴのなかま。ポリプと呼ばれる本体がたくさん集まって、枝のような石灰質の骨格をつくっている。

🐟 光合成もするけど肉食

サンゴは動物だが光合成をする。正確には、サンゴのなかにすんでいる褐虫藻という藻類が光合成をし、栄養をもらっている。さらにサンゴは、夜になると触手を動かして動物プランクトンを食べている。

花が咲いてる？
ただの食事だよ

イシサンゴの一種のポリプ

水族館のなかまクイズ

Q サンゴはどうやって繁殖する？
①卵を産む ②クローンが分裂
③卵を産み、分裂もする
☞ 答えは次のページ

145

魚類

セルラサラムス科（カラシン科とする場合もある）
ピラニアナッテリー

ヒトの指すら かみ切る

するどい歯で エモノをくい尽くす

全長 約25cm
大きさくらべ

生息地
アマゾン川全域

前のページの答え
答えは③ 海に卵と精子に相当するものをばらまく。生まれた子どもはクローンをつくって殖える。

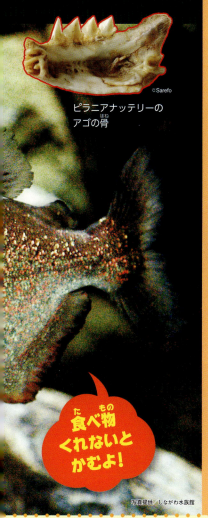

ピラニアナッテリーの
アゴの骨

食べ物
くれないと
かむよ！

写真提供　しながわ水族館

肉食の魚のなかでもとくにするどい歯をもつ魚として知られるピラニアのなかま。かむ力はとても強く、手を近づけると指をかみ切られることもある。生息地では漁獲網を破られるといった被害も出ている。

ウマやヒトも
おそうぞー！

🐟 本領発揮は群れでの狩り

ピラニアのなかまは1匹でいると意外におくびょうな性質だ。ただし、群れでいるピラニアがエモノの血のにおいをかぐなどすると、興奮していっせいにおそいかかることもある。

水族館のなかまクイズ

Q ピラニアという名前はどういう意味？
①意外とおいしい魚　②歯のある魚
③チンピラみたいな魚

☞ 答えは次のページ

釣られたピラニア。現地では食用

147

ピラニアの食事

血のにおいがぼくらを狂わせる〜

映画やドラマはさすがに大げさ!?

🐟 基本的には魚や虫がエサ

馬肉をもらったピラニア

凶暴化していないときのピラニアはほかの魚や昆虫などを食べている。群れをつくっているときもつねに荒れているわけではなく、血のにおいに反応して凶暴になることがあるくらいだ。

ピラニアの赤ちゃん

プランクトンもぐもぐ

かわいく見えてもやっぱり肉食魚

写真提供／しながわ水族館

🐟 共食いをすることも

ピラニアは粘着質の比較的大きな卵を木の根などに生みつける。ピラニアナッテリーで最大1000個程度。その後はオスが卵を守る。ふ化した稚魚は動物性プランクトンを食べるが、エサがないと共食いすることも……。

前のページの答え
答えは② 三角形の歯は、縁の部分がカミソリのようにするどい。

148

アマゾン川の魚たち

枯れてるよねっていわれます
リーフフィッシュ

- ポリセントリス科
- 全長　約10cm
- 生息地　南アメリカ北部、中部

泳いでいないときには枯れ葉にそっくり。ふだんはジッと静かに、エサの小魚を待ちかまえる。

「なんだナマズじゃん」っていうな
レッドテールキャットフィッシュ

- ピメロドゥス科
- 全長　約1.3m
- 生息地　アマゾン川流域

キャットフィッシュとはナマズのこと。ナマズのなかまではとくに巨大で、赤い尾が特徴。

電気の利用ではヒトより先輩
デンキウナギ

- デンキウナギ科
- 全長　約2m
- 生息地　アマゾン川流域

その名のとおり、電気を発生させてエモノを気絶させたり、敵から身を守ったりする。

最大ってだけでカッコイイ
ピラルクー

- アロワナ科
- 全長　約2.5m
- 生息地　アマゾン川流域

最大で4.5mにもなる、世界最大の淡水魚のひとつ。食用として好まれ生息数が減っており、現在は保護されている。

ひとくちメモ
水族館の飼育員になるには

とても人気の高い職業の飼育員。どうやったらなれるんだろう？

飼育員の仕事は、いきものの健康状態をチェックし世話をするなど、多くの根気と体力が必要とされるものだ。魅力的なのは、いきものたちと身近で触れ合えること。ここでは高校卒業のあと、飼育員になるための方法のうち、代表的な2パターンを紹介する。

画像提供／新江ノ島水族館

❶ 大学に入学する

水にすむいきものの知識を得るため、水産学部に入るケースが多い。

① 授業を受ける

水族館のいきもののことだけではなく、漁業や展示の方法についても広く学び、知識を深める。海などで採集を行なうこともある。

② 卒業研究

自分の興味のあるテーマについて研究し、論文をつくる。

③ 卒業

卒業までの期間は4年。学芸員資格をもらえる場合もある。獣医資格を取る場合は6年間かかる。

❷ 専門学校に入学する

水族館の飼育係やトレーナーを目指すコースがある学校を探そう。

① 授業を受ける
水族館のいきものを飼育する方法や生態、病気の治療法などをおもに学ぶ。

② 実習・フィールドワーク
いきものを飼う経験をしたり、海や川へ出かけて野生のいきものを採集したりする。

③ 水族館研修
営業中の水族館でしばらく働き、実践でいきものたちを飼育する経験を積む。

④ 卒業
卒業までの期間は2年。潜水士資格や、船舶免許などを取得することもできる。

卒業後

水族館に就職する
ほかにも、地方公務員試験を受けて公立の水族館で仕事をしたり、アルバイトなどからコネをつくったりと、さまざまな方法がある。飼育員は欠員が出たときだけ募集がされる狭き門。ねばり強く探し、チャンスを逃さないようにしよう。

ぼくらのこと、大切にしてくれる人がいいな♪

水族館の仕事はいろいろ
飼育員以外にも、水族館で働く人は多くいる。設備を管理する人や、来館者を案内する人などなど。どんな仕事も、なくてはならないものなんだ。

画像提供／アドベンチャーワールド

全国水族館 ひとくちガイド

※入館受付は閉館の30分前、もしくは1時間前までという水族館が多い。
※時期、営業日、年度などによって変更の可能性があるので、行く前にWEBサイトで営業スケジュールをチェックしよう。
※データは2017年12月現在のもの

稚内市立ノシャップ寒流水族館
北海道稚内市ノシャップ2丁目2-17 ☎0162-23-6278
●開館時間 夏期9:00～17:00、冬期10:00～16:00 ●休館日 12/1～1/31、4/1～4/28（年度によって変更あり） ●日本最北端の水族館。幻の魚といわれるイトウを見ることができる。

おたる水族館
北海道小樽市祝津3-303 ☎0134-33-1400
●開館時間 9:00～17:00（時期によって変更あり） ●休館日 2月下旬～3月中旬、11月下旬～12月中旬 ●海獣公園のプールで行われるトドショーで、一斉にダイビングするトドの姿は迫力がある。

サンピアザ水族館
北海道札幌市厚別区厚別中央2-5-7-5 ☎011-890-2455
●開館時間 4月～9月 10:00～18:30、10月～3月 10:00～18:00 ●年中無休 ●デンキウナギの発電実験が行われている。コツメカワウソを間近で見られるコーナーが人気。

登別マリンパークニクス
北海道登別市登別東町1-22 ☎0143-83-3800
●開館時間 9:00～17:00 ●休館日 4月に1週間程度 ●外観はデンマークの古城がモデル。ペンギンがパーク内を歩くパレードが毎日開催される。

市立室蘭水族館
北海道室蘭市祝津町3-3-12 ☎0143-27-1638
●開館時間 9:30～16:30（GW、夏休み期間は17:00まで） ●休館日 10月中旬～4月中旬 ●寒流系深海魚のアブラボウズがシンボル。10種類以上の芸をこなすトドがいる。

サケのふるさと 千歳水族館
北海道千歳市花園2-312　☎0123-42-3001
●開館時間　9:00～17:00(7/12～9/30は18:00まで)　●休館日 2月下旬、12/29～1/1　●千歳川の水中を観察し、川のなかを泳ぐ姿を直接見ることができる。

北の大地の水族館 山の水族館
北海道北見市留辺蘂町松山1-4　☎0157-45-2223
●開館時間　4月～10月 8:30～17:00、11月～3月 9:00～16:30
●休館日　4月中旬、12/26～1/1　●冬になると凍った川の下を泳ぐ魚を見ることができるという、世界初の展示方法が楽しめる。

浅虫水族館
青森県青森市浅虫字馬場山1-25　☎017-752-3377
●開館時間 9:00～17:00(GW、夏休み期間など変更あり)　●年中無休
●カマイルカとバンドウイルカのショーが屋内プールで毎日行なわれている。

秋田県立男鹿水族館 GAO
秋田県男鹿市戸賀塩浜　☎0185-32-2221
●開館時間 3月中旬～11月上旬9:00～17:00、11月中旬～3月上旬9:00～16:00(GW、夏休み期間など変更あり)　●休館日 1月下旬～2月上旬
●男鹿の海を再現したトンネル大水槽では、40種2000匹ものいきものが展示されている。

鶴岡市立加茂水族館
山形県鶴岡市今泉字大久保657-1　☎0235-33-3036
●開館時間 9:00～17:00 夏休み期間は9:00～17:30　●年中無休
●クラゲ展示が非常に充実している。成長段階のクラゲの観察や、給餌解説ショーがある。

仙台うみの杜水族館
宮城県仙台市宮城野区中野4-6　☎022-355-2222
●開館時間　9:00～18:00(時期により変更あり)　●年中無休
●豊かな三陸の海を再現した大水槽や、仕切りのないプールでのイルカショーが楽しめる。

アクアマリンふくしま

福島県いわき市小名浜字辰巳町50　☎0246-73-2525
●開館時間　3/21～11/30　9:00～17:30、12/1～3/20　9:00～17:00（GW、夏休み、クリスマスなど変更あり）　●年中無休　●自然光のふりそそぐ、環境再現型の水族館。太平洋の潮流の境目がテーマ。

アクアマリンいなわしろカワセミ水族館

福島県耶麻郡猪苗代町大字長田字東中丸3447-4　☎0242-72-1135
●開館時間　3/21～11/30　9:30～17:00、12/1～3/20　9:30～16:00　●年中無休　●淡水魚と水生生物の展示が充実。ユーラシアカワウソのエサやりも見ることができる。

栃木県なかがわ水遊園

栃木県大田原市佐良土2686　☎0287-98-3055
●開園時間　9:30～16:30（夏休み期間は17:00まで）　●休館日　月曜（夏休み期間中は営業）第4木曜、1月第4週の月～金曜　●川がメインテーマの水族館。アマゾン川を再現した巨大水槽は迫力がある。

アクアワールド茨城県大洗水族館

茨城県東茨城郡大洗町磯浜町8252-3　☎029-267-5151
●開館時間　9:00～17:00（GW、夏休みなど変更あり）　●休館日　6月、12月に若干あり　●多くの種類のサメを展示している。イルカ・アシカの全天候型ショーが大人気。

さいたま水族館

埼玉県羽生市三田ケ谷751-1　☎048-565-1010
●開館時間　3月～11月9:30～17:00　12月～2月9:30～16:30　●休館日　月曜日（時期によって変更あり）、12月～2月の毎週火曜日、12/29～1/1　●荒川にすむ約70種類のいきものを展示。

鴨川シーワールド

千葉県鴨川市東町1464-18　☎04-7093-4803
●営業時間　9:00～17:00（営業日により変更）　●休館日　不定休　●シャチをはじめ、イルカ、アシカ、ベルーガなどのパフォーマンスなどが楽しめる。

犬吠埼マリンパーク

千葉県銚子市犬吠埼9575-1　☎0479-24-0451
●開館時間　3月～10月9:00～17:00、11月～2月9:00～16:30（日・祝は17:00まで）　●年中無休　●水しぶきがかかるほどに近い距離で、イルカショーを見ることができる。

サンシャイン水族館

東京都豊島区東池袋3-1　サンシャインシティワールドインポートマートビル屋上　☎03-3989-3466　●開館時間　4月〜10月10:00〜20:00、11月〜3月10:00〜18:00（特別営業時間あり）　●年中無休　●世界初展示「天空のペンギン」では都会の空を泳ぐペンギンの姿が楽しめる。

しながわ水族館

東京都品川区勝島3-2-1　☎03-3762-3433
●開館時間　10:00〜17:00　●休館日　火曜日（祝日、GW、春・夏・冬休み期間などは営業）、1/1　●直径11メートルの円形水槽では、アザラシを360度から見ることができる。

アクアパーク品川

東京都港区高輪4-10-30　☎03-5421-1111
●開館時間　10:00〜22:00（変更あり）　●不定休　●音、光、映像、生き物たちが融合する、最先端の水族館。

東京都葛西臨海水族園

東京都江戸川区臨海町6-2-3　☎03-3869-5152
●開園時間9:30〜17:00（変更あり）　●休園日　水曜日（祝日の場合は翌日休み）、12/29〜1/1　●マグロの群泳が有名。毎日決まった時間にエサを食べるようすを観察できる。

東京都井の頭自然文化園水生物園 水生物館

東京都武蔵野市御殿山1-17-6　☎0422-46-1100
●開園時間　9:30〜16:45（水生物園は17:00まで）　●休園日　月曜日（祝日の場合は翌日休み）、12/29〜1/1　●動物園に隣接している分園。淡水魚や両生類、水生の昆虫などを飼育している。

東京タワー水族館

東京都港区芝公園4-2-8 東京タワー1F　☎03-3433-5111
●開館時間　11/16〜3/15　10:30〜18:00、3/16〜11/15　10:30〜19:00　●珍しい観賞魚を集めた水族館。約900種、50000匹を飼育している。

すみだ水族館

東京都墨田区押上1丁目1-2 東京スカイツリータウン・ソラマチ5F・6F　☎03-5619-1821　●開館時間　9:00〜21:00　●年中無休　●「アクアラボ」では、ミズクラゲの赤ちゃんの成長過程を見ることができる。

足立区生物園
東京都足立区保木間2-17-1　☎03-3884-5577
●開園時間　2月～10月9:30～17:00、11月～1月9:30～16:30　●休館日　月曜日（祝日、10/1は開園）、年末年始（12/29～1/1）　●日本最大級の金魚水槽は見どころ十分。

新江ノ島水族館
神奈川県藤沢市片瀬海岸2-19-1　☎0466-29-9960
●開館時間　9:00～19:00（季節により変更あり）　●年中無休　●テーマ水槽やイベント展示など、時期にそった展示のバリエーションが豊か。

ヨコハマおもしろ水族館
神奈川県横浜市中区山下町144 チャイナスクエアビル3F　☎045-222-3211　●開館時間　平日11:00～20:00、土日祝日10:00～20:00　●年中無休　●小学校をモチーフにした水族館。実験水槽やギャグ水槽など、楽しみながら学ぶことができる。

京急油壺マリンパーク
神奈川県三浦市三崎町小網代1082　☎046-880-0152
●開園時間　9:00～17:00（営業日により変更あり）　●休館日　1月第2月曜の翌日から4日間　●魚の授業風景をテーマにしたパフォーマンスを行なっている。

横浜・八景島シーパラダイス アクアミュージアム
神奈川県横浜市金沢区八景島　☎045-788-8888
●開館時間　平日10:00～20:00、土日9:00～21:00（季節により変更あり）　●年中無休　●大水槽のなかを昇る、180度見渡せる水中エスカレーターは迫力。

箱根園水族館
神奈川県足柄下郡箱根町元箱根139　☎0460-83-1151
●開館時間　9:00～17:00（季節によって変更あり）　●年中無休　●世界でもめずらしい、淡水にすむバイカルアザラシが人気。

相模川ふれあい科学館　アクアリウムさがみはら
神奈川県相模原市中央区水郷田名1-5-1　☎042-762-2110
●開館時間　9:30～16:30（イベントにより延長あり）　●休館日　月曜日（祝祭日は開館）※長期休暇期間、年末年始は開館　●相模川流域の生き物や自然が学べる。また、開館日はワークショップを毎日開催。

新潟市水族館マリンピア日本海
新潟県新潟市中央区西船見町5932-445　☎025-222-7500
●開館時間 9:00～17:00（夏期変更あり）　●休館日 12/29～1/1、3月の第1木曜日とその翌日　●「アクアラボ」では毎日ちがった内容で、水族館のいきものに関する解説イベントが開かれている。

寺泊水族博物館
新潟県長岡市寺泊花立9353-158　☎0258-75-4936
●開館時間 9:00～17:00　●休館日 年に10日程度　●テッポウウオのエサ取り射撃ショーなど、めずらしい展示も行なわれている。

富士湧水の里水族館
山梨県南都留郡忍野村忍草3098-1（さかな公園内）　☎0555-20-5135
●開館時間 9:00～18:00　●休館日 火曜日（GW、夏休み期間、年末年始は営業）、12/28～1/1　●富士の湧水を使った、透明度の高い展示が特徴。淡水魚を専門としている。

魚津水族館
富山県魚津市三ケ1390　☎0765-24-4100
●開館時間 9:00～17:00　●休館日 12/1～3/15までの月曜日（祝日の場合は翌日休み）、12/29～1/1　●3月中旬～5月ごろに行くと、ホタルイカの発光を生で見ることができる。

のとじま水族館
石川県七尾市能登島曲町15部40　☎0767-84-1271
●開館時間 3/20～11/30は9:00～17:00、12/1～3/19は9:00～16:30
●休館日12/29～12/31　●日本海側初となるジンベエザメをはじめ、能登半島近海を回遊する魚を中心に飼育している。

越前松島水族館
福井県坂井市三国町崎74-2-3　☎0776-81-2700
●開館時間 9:00～17:30（GW、夏期、冬季などで変更あり）　●年中無休　●GW・夏期のナイター営業日には、ライトアップされた幻想的なイルカショーを見ることができる。

蓼科アミューズメント水族館
長野県茅野市北山4035-2409　北八ヶ岳ロープウェイ正面　☎0266-67-4880　●開館時間 平日9:30～17:00、土日祝9:30～17:30　●年中無休　●日本一標高の高い位置にある、高原水族館。エリアごとにちがった水槽のデザインが楽しめる。

伊豆・三津シーパラダイス
静岡県沼津市内浦長浜3-1　☎055-943-2331
●開園時間　9:00～17:00（時期によって変更あり）　●休館日　12月にメンテナンス休館あり　●海を利用したイルカショーや、イルカと泳ぐイベントなどが楽しめる（要予約）。

沼津港深海水族館
静岡県沼津市千本港町83番地　☎055-954-0606
●開館時間　10:00～18:00（夏期・冬季、繁忙期など変更あり）　●年中無休　●世界中の深海生物を展示している水族館。世界でも希少な冷凍シーラカンスの展示は必見。

あわしまマリンパーク
静岡県沼津市内浦重寺186　☎055-941-3126
●開園時間　9:30～17:00（入園は15:30まで）　●年中無休　●自然公園の無人島に建つ水族館。カエルの展示種類が日本一。

東海大学海洋科学博物館
静岡県静岡市清水区三保2389　☎054-334-2385
●開館時間　9:00～17:00　●休館日　火曜日（祝日の場合は翌日休み、春・夏休み、GW、正月などは営業）、年末　●水族館と科学博物館が併設されている。海の生き物をもとにしたメカニマル（機械生物）など、展示が豊富。

下田海中水族館
静岡県下田市3-22-31　☎0558-22-3567
●開館時間　平日9:00～16:30、土日祝9:00～17:00（季節によって変更あり）　●年中無休　●イルカとふれあうイベントが多く用意されている。腰まで水につかってイルカと遊べる「ドルフィン・ビーチ」が人気。

名古屋港水族館
愛知県名古屋市港区港町1-3　☎052-654-7080
●開園時間　9:30～17:30（GW、夏休みは9:30～20:00、12月～春休み前までは9:30～17:00）●休館日　月曜日（祝日の場合は翌日休み、GW、7月～9月、年末年始、春休みは営業）　●ベルーガやシャチのトレーニング風景や、大水槽でのエサやりなどを見ることができる。

碧南海浜水族館・碧南市青少年海の科学館

愛知県碧南市浜町2-3　☎0566-48-3761
●開館時間 9:00〜17:00、夏休み期間9:00〜18:00　●休館日 月曜日（祝日の場合は翌日休み、夏休み期間は営業）　●科学館が併設されている水族館。日本各地の水生生物を展示している。

竹島水族館

愛知県蒲郡市竹島町1-6　☎0533-68-2059
●開館時間 9:00〜17:00（夏期は21:00まで延長あり）　●休館日 火曜日（祝日の場合は翌日休み。春休み・GW・夏休み・冬休みは開館）、12/29〜12/31、6月上旬の水曜日　●大型のタカアシガニなど、多種の深海生物を展示。

南知多ビーチランド

愛知県知多郡美浜町奥田428-1　☎0569-87-2000
●開館時間 9:30〜17:00（季節によって変更あり）　●休館日 12月〜2月の水曜日、12月、2月の上旬にメンテナンス休園あり　●イルカ、アザラシ、ペンギンなど海の動物とのふれあいが充実。

名古屋市東山動植物園(世界のメダカ館)

愛知県名古屋市千種区東山元町3-70　☎052-782-2111
●開館時間 9:00〜16:50　●休館日 月曜日（祝日の場合は翌日休み）、12/29〜1/1　●世界のメダカを約200種類展示している、ユニークな水族館。

世界淡水魚園水族館 アクア・トトぎふ

岐阜県各務原市川島笠田町1453　☎0586-89-8200
●開館時間　平日9:30〜17:00、土日祝9:30〜18:00（季節により延長あり）　●年中無休　●淡水魚の水族館としては世界最大級。淡水魚を中心に爬虫類・両生類も常設展示になっている。

鳥羽水族館

三重県鳥羽市鳥羽3-3-6　☎0599-25-2555
●開館時間 9:00〜17:00（7/20〜8/31は8:30〜17:30）　●年中無休
●飼育している生きものの種類が日本一。ジュゴンを見ることができる。

伊勢夫婦岩ふれあい水族館 伊勢シーパラダイス

三重県伊勢市二見町江580　☎0596-42-1760
●開館時間 9:00～17:00（季節により変更あり）　●年中無休（メンテナンス休館あり）　●セイウチやトド、ゴマフアザラシなどと近い距離でふれあうことができる。

志摩マリンランド

三重県志摩市阿児町神明723-1(賢島)　☎0599-43-1225
●開館時間 9:00～17:00(季節により変更あり)　●年中無休 ●海女による魚のエサやりが見られる。化石や古代魚を展示する古代水族館も必見。

滋賀県立琵琶湖博物館

滋賀県草津市下物町1071　☎077-568-4811
●開館時間 9:30～17:00　●休館日 月曜日(祝日の場合は開館、そのほか臨時休館あり)　●琵琶湖とその周辺の川にいる淡水魚を中心とした水生生物を展示している。

京都水族館

京都府京都市下京区観喜寺町35-1(梅小路公園内)　☎075-354-3130
●開館時間 10:00～18:00(時期により延長あり)　●年中無休　●ダイナミックなイルカパフォーマンスや天然記念物のオオサンショウウオは必見。

宮津エネルギー研究所・丹後魚っ知館

京都府宮津市小田宿野1001　☎0772-25-2026
●開館時間 9:00～17:00　●休館日 水曜日、木曜日(祝日の場合は翌日休み)、年末年始　●約200種、4000匹以上の魚を飼育・展示。タッチングプールでは魚やヒトデにじかに触れて観察できる。

海遊館

大阪府大阪市港区海岸通1-1-10　☎06-6576-5501
●開館時間 10:00～20:00(季節により変更あり)　●休館日 冬期に数日あり　●ジンベエザメやマンタなどが泳ぐ巨大水槽が圧巻。万博公園には、生きているミュージアム「ニフレル」がある。

みさき公園
大阪府泉南郡岬町淡輪3990　☎072-492-1005
●開園時間 9:30～17:00（季節により変更あり）　●休園日 不定休、冬期に休園あり　●季節ごとにテーマが変わる、ハンドウイルカ・カマイルカのショーが楽しめる。

城崎マリンワールド
兵庫県豊岡市瀬戸1090　☎0796-28-2300
●開館時間 9:00～17:00（GW、夏季、お盆期間は変更あり）　●年中無休　●セイウチのランチタイムでは、「いないいないばあ」や水鉄砲を吹くようすが見られる。

神戸市立須磨海浜水族園
兵庫県神戸市須磨区若宮町1-3-5　☎078-731-7301
●開園時間 9:00～17:00（季節により変更あり）　●休園日 12月～2月の水曜日、特定日（一部除外日あり）　●「生きざま」展示をテーマに、自然に近いかたちで海の生物たちを観察できる。

姫路市立水族館
兵庫県姫路市西延末440（手柄山中央公園内）　☎079-297-0321
●開館時間 9:00～17:00　●休館日 火曜日（祝日の場合は翌日休み）、年末年始　●世界のカメ類と瀬戸内海、播州平野の魚など身近ないきものを中心に展示。水生昆虫の展示も多い。

和歌山県立自然博物館
和歌山県海南市船尾370-1　☎073-483-1777
●開館時間 9:30～17:00　●休館日 月曜日（祝日の場合は翌日休み）、年末年始　●和歌山県内にいる水辺のいきものを展示。

アドベンチャーワールド
和歌山県西牟婁郡白浜町堅田2399　☎0570-06-4481
●開館時間 9:30～17:00（GW、夏休みの一定期間は、ナイター営業あり）　●不定休　●イルカやカワウソなどのふれあいや、アシカやイルカなどのマリンショーが楽しめる。パンダが全国的に有名。

串本海中公園

和歌山県東牟婁郡串本町有田1157　☎0735-62-1122
●開館時間 9:00～16:30（季節により変更あり）　●年中無休　●串本の海を紹介する水族館。自然の海中景観を観察できる海中展望塔などがある。

太地町立くじらの博物館

和歌山県東牟婁郡太地町太地2934-2　☎0735-59-2400
●開館時間 8:30～17:00　●年中無休　●セミクジラの実物大模型や骨格標本を展示している。ショーの後にイルカとのふれあいを行なっている。

京都大学白浜水族館

和歌山県西牟婁郡白浜町459　☎0739-42-3515
●開館時間 9:00～17:00　●年中無休　●ヒトデ、クラゲ、ウニ、イソギンチャクなど、多様な海の無脊椎動物を見ることができる。

すさみ町立エビとカニの水族館

和歌山県西牟婁郡すさみ町江住808-1　☎0739-58-8007
●開館時間 4月～9月は9:00～18:00、10月～3月は9:00～17:00　●年中無休　●エビとカニが中心の水族館。展示されている甲殻類は約150種。

市立玉野海洋博物館（渋川マリン水族館）

岡山県玉野市渋川2-6-1　☎0863-81-8111
●開館時間 9:00～17:00（海水浴場開場期間は8:30～17:30）　●休館日 水曜日（祝日の場合は翌日休み、春・夏休み、GWは営業）、1/4、12/29～12/31　●イカナゴの展示をしている、めずらしい水族館。

マリホ水族館

広島県広島市西区観音新町4丁目14-35　☎082-942-0001
●開館時間 4月～10月 10:00～20:00、11月～3月 10:00～17:00
●休館日 マリーナホップの休館日に準ずる　●2017年夏、ショッピングモール内にできた水族館。水中の景観そのものを展示している。

宮島水族館

広島県廿日市市宮島町10-3　☎0829-44-2010
●開館時間9:00～17:00　●休館日 メンテナンス臨時休館あり　●瀬戸内海にも生息するスナメリは水族館のシンボル。ペンギンの館内散歩が人気。

市立しものせき水族館 海響館
山口県下関市あるかぽーと6-1　☎083-228-1100
●開館時間 9:30～17:30（季節により変更あり）　●年中無休　●下関のシンボル的存在であるフグの飼育、展示が充実している。

島根県立しまね海洋館アクアス
島根県浜田市久代町1117-2　☎0855-28-3900
●開館時間 9:00～17:00　●休館日 火曜日（祝日の場合その翌日。GW、春・夏・冬休み期間は営業）　●シロイルカ、アザラシ、アシカなどのパフォーマンスやサメ、エイなどの給餌が楽しめる。

新屋島水族館
香川県高松市屋島東町1785-1　☎087-841-2678
●開館時間 9:00～17:00　●年中無休　●日本では希少なアメリカマナティの飼育で知られている。

桂浜水族館
高知県高知市浦戸778（桂浜公園内）　☎088-841-2437
●開館時間 9:00～17:00　●年中無休　●南四国や九州にしか生息しない幻の魚・アカメの群泳は圧巻。

高知県立足摺海洋館
高知県土佐清水市三崎字今芝4032　☎0880-85-0635
●開館時間 4月～8月は8:00～18:00、9月～3月は9:00～17:00　●休館日 12月第3木曜日　●高さ6mの大水槽では、土佐の海を満喫できる。黒潮に群れる魚などをドラマチックに演出。

虹の森公園　おさかな館
愛媛県北宇和郡松野町大字延野々1510-1　☎0895-20-5006
●開館時間 10:00～17:00　●休園日 水曜日（祝日、GW、7・8月、冬・春休み期間は除く）、元日　●四万十川をはじめとする淡水魚が中心。迫力のある熱帯雨林の魚たちが見どころのひとつ。

マリンワールド海の中道
福岡県福岡市東区大字西戸崎18-28　☎092-603-0400
●開館時間 9:30～17:30(季節により変更あり)　●休館日 年末年始、2月第1月曜とその翌日　●2017年4月にリニューアル。ケープペンギンを間近で見ることができる。

長崎ペンギン水族館
長崎県長崎市宿町3-16　☎095-838-3131
●開館時間 9:00～17:00（季節により変更あり）　●年中無休　●ペンギンの飼育種類が多いことで有名。各種ペンギンのショーが人気。

大分マリーンパレス水族館「うみたまご」
大分県大分市大字神崎字ウト3078-22　☎097-534-1010
●開館時間 9:00～18:00（季節により変更あり）　●不定休　●動物を間近で見ることができる新感覚ビーチ施設「あそびーち」がおすすめ。

すみえファミリー水族館
宮崎県延岡市須美江町69-1　☎0982-43-0169
●開館時間　9:00～17:00　●休館日　水曜（祝日の場合は翌日休み）
●日向灘の珍しい魚、希少種のアカメなども展示。

いおワールドかごしま水族館
鹿児島県鹿児島市本港新町3-1　☎099-226-2233
●開館時間 9:30～18:00（GW、夏休み期間の土曜日、お盆期間などは21:00まで）　●休館日 12月第一月曜から4日間　●カツオやマグロなどが群泳する黒潮大水槽は圧巻。

沖縄美ら海水族館
沖縄県国頭郡本部町字石川424　☎0980-48-3748
●開館時間 10月～2月は8:30～18:30、3月～9月は8:30～20:00
●休館日 12月の第1水曜日とその翌日　●ジンベエザメやマンタが泳ぐ巨大水槽は大人気。

■ 近年オープンの水族館

新・上越市立水族博物館　うみがたり
新潟県上越市五智2丁目15-15
●開館時間 未定　●休館日 未定　● 2017年5月に長期休館した、上越市立水族博物館に代わる水族館。マゼランペンギンの飼育数、展示面にはとくに力を入れる。2018年オープン予定。

50音順 索引(さくいん)

ア行 🐟

アオウミウシ	120
アオウミガメ	54
アオミノウミウシ	123
アカウミガメ	57
アカエイ	23
アカクラゲ	61
アカシュモクザメ	15
アカヒトデ	109
アカヒメジ	136
アゴヒゲアザラシ	43
アサヒガニ	71
アメフラシ	124
アメリカカブトガニ	90
イイダコ	79
イシダイ	96
イセエビ	72
イタチザメ	16
イトマキエイ	20
イトマキヒトデ	106
イヌザメ	15
イロワケイルカ	11
ウィーディーシードラゴン	85
ウツボ	110
ウメイロモドキ	140
オウサマペンギン	50
オオウミウマ	85
オオサンショウウオ	64
オーストラリアアシカ	39
オオセ	19
オオメジロザメ	19
オサガメ	57
オトヒメエビ	75
オニダルマオコゼ	142
オニヒトデ	109

カ行 🐟

カクレクマノミ	128
カスピカイアザラシ	43
カツオノエボシ	61
カマイルカ	11
カリフォルニアアシカ	36
キタオットセイ	39
キハッソク	138
キュウセン	105
キンメダイ	99
クマノミ	131

165

クリオネ	32	タカアシガニ	68
クロダイ	99	タツノイトコ	85
クロマグロ	26	タツノオトシゴ	82
コウイカ	80	チョウチョウオ	114
コウテイペンギン	53	チンアナゴ	134
コケウツボ	113	ツノダシ	118
コツメカワウソ	44	デバスズメダイ	132
コバルトヤドクガエル	62	デンキウナギ	149
コブヒトデ	109	トウアカクマノミ	131
ゴマフアザラシ	40	ドクウツボ	113
ゴンズイ	116	ドチザメ	15
		トド	39
		トラウツボ	113
		トラフザメ	19

サ行

サクラダイ	100		
ジェンツーペンギン	53		
シオマネキ	71		
シビレエイ	23		
シャコ	75		
シャチ	11		
ジュゴン	48		
シロイルカ	11		
ジンベエザメ	12		
セイウチ	39		
ゼニガタアザラシ	43		

ナ行

ニシキベラ	105
ニセゴイシウツボ	113
ネコザメ	15
ノコギリエイ	23
ノコギリザメ	19

タ行

ダイオウグソクムシ	88
タイマイ	57

ハ行

ハナガサクラゲ	61
ハナデンシャ	123
ハナビラクマノミ	131
ハマクマノミ	131
ハリセンボン	30

ハンドウイルカ……………	8
ヒゲダイ…………………	99
ヒシガニ…………………	71
ヒメウミガメ……………	57
ヒョウモンダコ…………	79
ピラニアナッテリー……	146
ヒラメ……………………	86
ピラルクー………………	149
フリソデエビ……………	75
フンボルトペンギン……	53
ベニクラゲ………………	61
ボタンエビ………………	75
ホンソメワケベラ………	102

マ行

マイワシ…………………	28
マダイ……………………	99
マダコ……………………	76
マダラウミウシ…………	123
マダラトビエイ…………	23
マンジュウヒトデ………	109
マンボウ…………………	24
ミズクラゲ………………	58
ミズダコ…………………	79
ミドリイシのなかま……	144
ミナミイワトビペンギン…	53
ミヤコウミウシ…………	123
ムラサキハナギンチャク…	92

メガネカラッパ…………	71
メガネモチノウオ………	105
メンダコ…………………	79

ヤ行

ヤマブキベラ……………	105
ヨウジウオ………………	85

ラ行

ラッコ……………………	46
リーフフィッシュ………	149
レッドテール キャットフィッシュ………	149

ワ行

ワモンアザラシ…………	43

■ おもな参考文献
『小学館の図鑑NEO 新版 魚』井田齊、松浦啓一 監修（小学館）
『DVD付 魚 学研の図鑑LIVE』本村浩之 監修（学研プラス）
『このお魚はここでウォッチ！ さかなクンの水族館ガイド』さかなクン 著（ブックマン社）
『図解雑学 魚の不思議』松浦啓一 監修（ナツメ社）
『知ってビックリ！ お魚の大疑問』謎解きゼミナール 編（河出書房新社）
『新ヤマケイポケットガイド9 海辺の生き物』小林 安雅 著（山と渓谷社）
『世界動物大図鑑』デイヴィッド・バーニー、日高 敏隆 編（ネコ・パブリッシング）
『地球動物図鑑』フレッド・クック 監著、山極寿一 著（新樹社）

カバー写真提供 ● Aleksandr Lesik、Zac Wolf、sharkdolphin/PIXTA（ピクスタ）、鴨川シーワールド、鳥羽水族館、Dbush

おもしろいきものポケット図鑑
水族館へ行こう！

2018年 1 月 1 日　初版発行
2020年 9 月30日　第3刷発行

発行人　石津恵造

販売　　株式会社エムピージェー
　　　　〒221-0001
　　　　神奈川県横浜市神奈川区
　　　　西寺尾2-7-10太南ビル2F
　　　　TEL. 045-439-0160
　　　　FAX. 045-439-0161

Publishers　MPJ, INC.
　　　　2F Tainan Bldg,
　　　　2-7-10 Nishiterao
　　　　Kanagawa-ku,
　　　　Yokohama City
　　　　Kanagawa 221-0001
　　　　Japan
　　　　Phone +81-45-439-0160
　　　　Ｆ Ａ Ｘ　+81-45-439-0161
　　　　http://www.mpj-aqualife.com/aqualife.html
　　　　al@mpj-aqualife.co.jp（編集部）

印刷　　大日本印刷株式会社

ISBN978-4-904837-64-1
©MPJ　2018 Printed in Japan
本誌掲載の記事、写真などの無断転載、複写を禁じます。

■ スタッフ

■監修
月刊アクアライフ編集部

■企画編集
清水 晃
伊藤 史彦

■編集協力
株式会社
クリエイティブ・スイート

■本文・カバーデザイン
小河原 德(c-s)

■執筆
西田 明美
遠藤 昭徳
田中 文乃

■イラスト
イマイフミ